控制与协作

中央生态环保督察下
地方环境治理模式与实践研究

孙岩 张备 著

本书以中央生态环保督察下的地方环境治理实践为研究背景，构建了“外部情境——控制逻辑——协作逻辑”的双重制度逻辑下地方环境治理分析框架，综合运用回归分析、组态分析、案例研究等方法，揭示了中央生态环保督察下地方环境治理的影响因素、治理模式、实现路径，提出了“高控制—高协作”的地方环境治理创新模式，搭建起督察常态化背景下地方环境治理的“制度—结构—过程—绩效”的框架体系。本书具有较强的理论价值和实践意义，可为地方环境治理决策提供参考，适合公共管理、环境治理等领域的学生、专家以及政府相关人员阅读。

图书在版编目（CIP）数据

控制与协作 ：中央生态环保督察下地方环境治理模式与实践研究 / 孙岩，张备著. -- 北京 ：机械工业出版社，2024. 10（2025.3 重印）. -- ISBN 978-7-111-76547-9

Ⅰ. X321.2

中国国家版本馆 CIP 数据核字第 20240KD690 号

机械工业出版社（北京市百万庄大街22号　邮政编码100037）

策划编辑：朱鹤楼　　　责任编辑：朱鹤楼　张雅维

责任校对：龚思文　张昕妍　　责任印制：邓　博

北京盛通数码印刷有限公司印刷

2025年3月第1版第2次印刷

169mm × 239mm · 16.5印张 · 2插页 · 197千字

标准书号：ISBN 978-7-111-76547-9

定价：128.00 元

电话服务　　　　　　　网络服务

客服电话：010-88361066　　机　工　官　网：www.cmpbook.com

010-88379833　　机　工　官　博：weibo.com/cmp1952

010-68326294　　金　书　网：www.golden-book.com

封底无防伪标均为盗版　　机工教育服务网：www.cmpedu.com

作者简介

ABOUT THE AUTHORS

孙岩，管理学博士，大连理工大学公共管理学院副教授，硕士生导师。长期致力于环境政策与环境治理领域的研究。曾主持国家自然科学基金项目、教育部人文社会科学项目、辽宁省社会科学规划基金项目等多个国家及省部级科研项目。在 *Public Administration*、*Sustainable Production and Consumption*、*Renewable and Sustainable Energy Reviews*、《科研管理》、《中国人口·资源与环境》、《管理学报》等国内外重要学术期刊及学术会议发表了论文 40 余篇，出版了多部学术专著和教材。曾获辽宁省哲学社会科学成果奖、大连市社会科学进步奖等奖励。

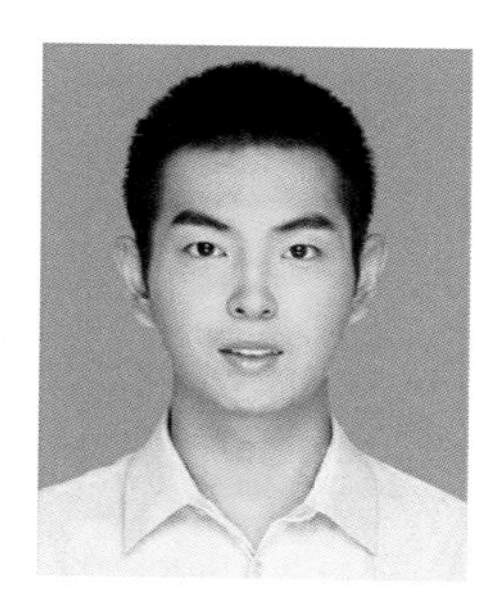

张备，大连理工大学经济管理学院博士研究生，研究领域包括环境项目治理、环境政策等。曾参与国家社会科学基金重大项目、国家自然科学基金面上项目、教育部人文社会科学项目等多个科研项目。在《科研管理》《中国人口·资源与环境》《资源科学》等重要学术期刊发表了论文 3 篇，其论文曾入选中国公共治理案例与质性研究论坛。曾获大连理工大学优秀研究生、优秀毕业生、辽宁省优秀毕业生等荣誉称号。

前 言
PREFACE

2013年习近平总书记在海南考察工作时指出，良好生态环境是最公平的公共产品，是最普惠的民生福祉。回首十八大以来的十年，我国生态环境保护发生了历史性、转折性、全局性变化，生态文明建设取得了举世瞩目成就。2023年在全国生态环境保护大会上，习近平总书记强调，把建设美丽中国摆在强国建设、民族复兴的突出位置，推动城乡人居环境明显改善、美丽中国建设取得显著成效，以高品质生态环境支撑高质量发展，加快推进人与自然和谐共生的现代化。

中央生态环保督察正是这一伟大进程中的重大改革举措，自2015年正式启动以来，一批突出环境问题得到解决，一批违法违规项目被依法处置，一批传统产业优化升级，一批绿色生态产业加快发展。部分地方政府深入贯彻习近平生态文明思想，树立“绿水青山就是金山银山”的发展理念，显著改善了地方环境质量，走上了可持续发展道路。但同时也伴随着阵痛，部分地方政府依旧深陷环境污染的泥潭，“不治理”“乱治理”行为频发，产生了严重的社会影响。因此，归纳并提炼一套科学、有效的环境治理模式和实现路径，对于传播美丽中国建设经验，扭转地方环境治理困境就显得格外重要。

基于这一重大现实需求，以中央生态环保督察制度这一环境治理制度创新作为切入点，结合运动式治理、协作治理、制度逻辑和悖论理论，归纳出了地方环境治理中控制和协作双重制度逻辑，构建了“外部情境——控制逻辑——协作逻辑”的地方环境治理分析框架。从影响因素、治理模式、实现路径、框架体系等方面，运用回归分析、组态分析、案例研究等多样化的研究方法剖析地方环境治理的优秀实践以及经验教训，分析有效的地方环境治理模式及其实现路径，提出了极富新意的具有“高控制—高协作”特征的地方环境治理“创新模式”。在此基础上搭建了“制度—结构—过程—绩效”的地方环境治理框架体系，为地方政府在督察常态化背景下有效运用控制和协作双重逻辑、高效开展环境治理工作提供了实践指南。

全书共分为7个章节，由两位作者共同研究完成。第1章为绪论部分，详细介绍了研究背景和相关研究现状，并介绍了全书的写作结构；第2章为理论分析部分，梳理了中央生态环保督察的制度变迁，并搭建了全书的分析框架；第3章为影响因素分析部分、第4章为治理模式分析部分、第5章为实现路径分析部分、第6章为框架体系构建部分，这四个章节环环相扣，揭示了中央生态环保督察下地方环境治理中控制逻辑和协作逻辑的具体应用情况，提炼了有效环境治理模式及其实现路径，总结了双重制度逻辑冲突管理策略；第7章为研究结论和政策建议部分。

感谢国家自然科学基金面上项目“双重制度逻辑下地方政府环境治理的模式选择与实现路径研究”（72374039)、教育部人文社科项目“高质量发展下地方政府环境政策有效执行模式研究”（22YJA630076)、国家社会科学基金重大项目“数智化提高城市环境基础设施供给质量和运行效率研究”(22&ZD068）在本书撰写过程中给予的资料收集、访谈调研等方面的支持。

孙岩，张备

目　录
CONTENTS

前言

第 1 章　绪论……………………………………………………1

1.1　中央生态环保督察下地方环境治理的成效与困境……………2

1.2　地方环境治理的文献综述……………………………………8

1.3　扎根地方环境治理实践：研究对象与研究方法……………23

1.4　本书的写作结构……………………………………………28

第 2 章　中央生态环保督察与地方环境治理转型……………31

2.1　中央生态环保督察制度简介…………………………………32

2.2　中央生态环保督察对地方环境治理的影响…………………36

2.3　中央生态环保督察下地方环境治理分析框架………………46

本章小结…………………………………………………………55

第 3 章　中央生态环保督察下地方环境治理的影响因素研究…………57

3.1　地方环境治理影响因素的理论分析…………………………58

3.2　地方环境治理影响因素的回归分析…………………………70

本章小结…………………………………………………………85

第 4 章　中央生态环保督察下地方环境治理的模式研究………………87

4.1　地方环境治理模式的类型学分析……………………………88

4.2　地方环境治理模式的组态分析 …………………………………… 96
4.3　“高控制—高协作”模式的理论分析 ………………………………111
本章小结 ……………………………………………………………………121

第 5 章　中央生态环保督察下地方环境治理的路径研究……………123

5.1　地方环境治理目标演化机制研究 ………………………………… 125
5.2　高绩效环境治理模式的实现路径研究 …………………………… 154
本章小结 ……………………………………………………………………176

第 6 章　督察常态化背景下地方环境治理的框架体系研究……………179

6.1　督察常态化对地方环境治理的影响 ……………………………… 180
6.2　理论分析 ………………………………………………………………… 182
6.3　地方环境治理的框架体系设计 …………………………………… 185
6.4　基于“制度—结构—过程—绩效”的地方环境治理框架体系构建 …………………………………………………………………… 198
本章小结 ……………………………………………………………………229

第 7 章　研究结论与政策建议 ……………………………………………231

7.1　转变环境治理模式 …………………………………………………… 233
7.2　重视环境治理的过程管理 ………………………………………… 238
7.3　强化治理过程中对双重制度逻辑的管理能力 ………………… 242
本章小结 ……………………………………………………………………245

参考文献…………………………………………………………………… 247

第1章

绪　论

2023年7月17日在全国生态环境保护大会上，习近平总书记指出："以美丽中国建设全面推进人与自然和谐共生的现代化""以高品质生态环境支撑高质量发展"。推进美丽中国建设，实现各地生态环境的高质量发展是党和国家全面建设社会主义现代化的重中之重。作为总书记亲自谋划、部署、推动的重大制度创新，中央生态环保督察肩负着这一历史重任。在中央生态环保督察的推动下，各地政府积极有为开展生态环境保护工作，大量"老""大""难"问题被有效解决，取得了显著的环境治理绩效，但也伴随着一些治理"困境""难题"。本章将总结中央生态环保督察下地方环境治理成效与困境，并详细梳理地方环境治理的相关文献，提出本书的主要研究问题以及主体架构。

1.1 中央生态环保督察下地方环境治理的成效与困境

自十八大以来，推动生态文明和美丽中国建设始终是党和政府关注的核心议题，坚定不移走生态优先、绿色发展之路是实现高质量发展的必然选择。近年来中央政府相继开展污染防治攻坚战、环保督察等多项卓有成效的制度举措，尤其是《"十四五"规划和2035年远景目标纲要》(2021)和党的二十大对地方政府实现生态环境高质量发展提出了明确要求与迫切期望。片面追求经济增长而忽视环境保护的治理模式成为过去式，各地政府愈发重视"绿水青山就是金山银山"的价值。十八大以来，在党中央的有力号召下，我国深入推进蓝天、碧水、净土三大保卫战，均取得了显著成效。2022年，全国地级及以上城市的优良天数达到了86.5%，重污染天数比率下降到了1%，全国PM2.5浓度首次下降到了30微克/立方米以内，全国地表水优良水质断面比例达到了87.9%，劣V类水质断面比例下降到了 0.7%。2023 年 7 月，习近平总书记在全国生态环境保护大会上进一步强调，要积极总结新时代 10 年以来的实践经验，正确处理高质量发展和高水平保护的关系、重点攻坚和协同治理的关系、自然恢复和人工修复的关系、外部约束和内生动力的关系、“双碳”承诺和自主行动的关系。因此，我国的生态环境保护正在发生历史性、转折性和全局性的重大变化，朝着美丽中国建设迈出了更加铿锵有力的一步。

为了能够更好地提升地方对环境治理的重视程度，监督地方环境治理行为，进而更有效地推动地方政府实现生态环境高质量发展，中央政府始终坚持以最严格的制度和最严密的法制来推动地方政府的生态环境保护工作，让外部压力常态化，同时也要不断激发起社会主体参与环境治理的动力，构建多元共治的现代环境治理体系。中央生态环保督察在此背景下应运而生，正成为推动地方开展环境治理工作的一项硬招和实招。作为生态文明建设领域的一项重要的制度创新，中央生态环保督察 2015 年在河北省以试点的方式正式启动，2018 年顺利完成第一轮全国督察，并对 20 个省（区）开展了“回头看”，2019 年开启了第二轮全国督察，并增加了对国家部委和中央企业的督察，2023 年 11 月正式开启了第三轮中央生态环保督察。新一轮督察坚决落实习近平生态文明思想和重要批示精神，在督察中更加突出强调了依法依规和统筹推进，严禁地方为了应付督察而采取“一律关停”“一刀切”等弄虚作假的手段，切实根据环境问题有针对性地、分轻重缓急地稳步推进整改工作，既不操之过急又要扎实推进，从而真正实现地方政府对环境问题的有效治理。

中央生态环保督察始终坚持以人民为中心，以问题导向为基准，坚持大局意识、系统观念，将地方党委与地方政府的环境责任纳入监督范围，以“党政同责”“一岗双责”自上而下传导环境治理压力，通过高位推动去解决各类突出的环境问题。《“十四五”规划和2035年远景目标纲要》(2021）明确提出，要不断“完善中央生态环境保护督察制度”。随着中央生态环保督察持续向纵深推进，中央生态环保督察制度已经成为我国推动生态文明建设制度体系中的重要一环，成为国家实现高质量发展和建设美丽中国的战略利器。

1.1.1 中央生态环保督察下地方环境治理成效

在中央生态环保督察从无到有，不断向制度化、长期化纵深推进的过程中，地方政府环境治理也取得了可喜可贺的成效。

第一，习近平生态文明思想已在各级党委政府得到深入贯彻，“党政同责”“一岗双责”得到了切实有效的落实。各地在公布督察整改方案中明确将扛起生态文明建设责任作为落实整改任务的第一步，开展生态文明建设和推动生态环境保护工作已经成为各地领导班子的工作常态，“大环保”的工作格局在各地已经基本形成，各地方政府推进生态环境治理的主动性得到了有效提升。

第二，大量突出的环境问题得到了有效解决，正如生态环境部副部长翟青在2022年7月的中央生态环境保护督察进展成效发布会上所介绍的，第一轮和“回头看”各省公布的整改方案中的整体任务完成率达到了95%。两轮督察期间，受理转办的群众生态环境信访举报28.7万件，整改完成率达到99%以上。

第三，地方政府的环境治理工作受到督察警示，推动了环境问题快速且有效的解决。如陕西省西安市皂河的黑臭水体问题在第一轮中央生态环保督察“回头看”中被通报为典型负面案例，陕西省委书记和省长当即就对该问题做出批示，西安市委市政府连夜开始探讨治理方案，最终皂河得以有效治理，在第二轮环保督察期间被评为优秀整改案例。在中央生态环保督察“回头看”及高原湖泊环境问题专项督察指出云南省高原湖泊存在生态污染问题后，云南省委省政府立即部署了相关整改工作，成立了由省委省政府相关负责人担任组长的专项领导小组，提出了针对九大高原湖泊的“五个坚持”“四个转变”的治湖思路，相关水体污染指标连年下降，湖泊水质稳中向好。

第四，地区的环境质量得到了显著提升，到2022年，长江干流全线达到了Ⅱ类水质，黄河流域的生态环境水平也持续向好。同时，各省市一大批“两高”项目得以有效遏制，一大批传统产业得以转型升级，一大批绿色产业也得到了快速发展，建设美丽中国的种子开始逐渐在各地生根发芽。

第五，强化了公众监督，推动了各地公众参与环境治理。中央生态环保督察一方面通过规范的督察整改、现场督办、对相关负责人进行问责来强化自上而下的约束力，另一方面所有的整改情况都要及时向社会公布，也进一步强化了自下而上公众监督的作用。通过这种自上而下和自下而上的管理方式的协同配合，大大降低了地方环境治理中弄虚作假的空间。

1.1.2 中央生态环保督察下地方环境治理困境

中央生态环保督察通过“回头看”、约谈、典型案例曝光、深入一线暗访等方式，推动地方政府在环境治理中注重发展与保护的协调，尽管取得了可喜可贺的治理绩效，但大量地方政府在环境治理中依然面临着诸多困境。

1. 优秀的治理经验难以有效扩散

在中央生态环保督察期间，大量地方政府开始以督察整改为契机，开展环境治理纠偏工作。通过党政一把手高度重视、政府部门协调联动、社会资本积极参与、公众主动监督等方式实现了环境治理模式的有效创新，是对党和政府提出构建现代环境治理体系的完美实践，也进一步凸显了中央生态环保督察的制度优势。如贵阳市南明河的治理。南明河是贵阳市人民的“母亲河”，但随着贵阳市城市化、工业化进程的快速推进，南明河成了一条“失去生命”的河流。在被督察指出该问题后，贵阳市政府积极开展对南明河的系统治理工作，市委市政府成立工作专班、明确责任主体、发起PPP项目、运用数智化技术实现河流治理的数字化，多措并举让南明河治理获得了多项全国第一，真正实现了南明河的“长治久清”。再如大理州洱海的治理。洱海历来是大理人民心中的圣地，但农业、旅游业的无序发展造成了洱海污染日益严重，爆发了多次藻华事件。洱海问题相继得到了习近平总书记、中央生态环保督察的关注，大理州政府开始进行了洱海的系统治理工作，党政一把手高度重视，并成立了专门部门，开展了多项针对洱海保护的专项行动，引入了PPP项目，搭建了数字洱海系统，最终治理成效得到了总书记和当地群众的肯定，也被环保督察视为治理成功的典型案例。

类似于南明河治理、洱海治理的优秀治理实践在全国各地正在不断涌现出来，这些环境治理创新实践亟待进行深入系统的研究和归纳总结，为其他地方政府进一步推动生态环境高质量发展提供学习的样板。但目前无论是理论界还是各地方均未对此引起足够的关注，地方政府实现环境治理高质量发展的治理模式和治理过程依然是模糊不清的，这些优秀治理经验难以有效扩散，呈现出一种“只见树木不见森林”的景象。

通过系统研究来归纳这些优秀治理实践背后所呈现出的有效的环境治理模式，明晰科学的环境治理路径，从而让这些现实中涌现出来的星星之火呈现出燎原之势。

2. 大量地方政府依然深陷环境污染的泥潭

生态环境部部长黄润秋在2021年“十四五”开局之年曾多次提到，目前虽然生态环境整体向好趋势明显，然而生态环境保护的结构性、根源性、趋势性压力尚未根本缓解，重点行业、重点区域的污染问题依然严重，环境事件多发频发的高风险态势仍未根本改变。大量地方政府实现2025年和2035年两个阶段污染防治目标的压力仍然很大。

由于缺乏有效的治理模式以及具体的治理策略，大量地方政府依然深陷环境污染的泥潭之中，难以实现生态环境的有效治理，依然在走过去“先污染后治理”“追求经济发展而忽视环境保护”的老路。面对督察指出的环境问题，部分地方政府并未想着如何去有效解决，而是以“应付督察”为主，“一刀切”“集中关停”“弄虚作假”等治理方式层出不穷，造成了恶劣的社会影响。如崇左市政府在治理城市黑臭水体过程中，严重违背中央的政策要求，对城市黑臭水体一填了之，被中央生态环保督察通报批评为“全区最差、全国罕见”。再如玉溪市政府在治理杞麓湖的过程中，个别地方官员、企业和专家沆瀣一气，上马了大量治标不治本的面子工程，人工干扰国控监测点水质，被中央生态环保督察通报批评，云南省纪委监委也制作了《杞麓湖的呐喊》专题视频以警示其他地方政府。

部分地方政府也意识到了环保督察的紧迫性和重要性，采取了大量的环境治理措施，但由于缺乏有效的环境治理经验，导致治理结果依然不尽如人意。如长春市在推进伊通河流域的水环境治理中同样也引入了社会资本，政府部门投入了大量的资源后虽然初期成效显著，但由于监管措施不到位和相应的设备设施建设滞后，导致出现了严重的污水直排、水体反臭的问题。还有一些地方政府在环境治理的过程中缺乏行之有效的方式方法，导致效果欠佳。如茂名市政府在“十三五”以来一直注重加强污水管网建设，增加污水处理能力，但由于缺乏科学合理的管理模式和统筹管理机制，导致部分地区污水处理设施成为摆设，而其他地区污水处理能力却严重不足。

综上，中央生态环保督察下的地方环境治理取得了切实的成效，但依旧暴露出了大量问题。而从这些成功的经验与失败的教训中获取有益的启示，使得地方政府知道如何去治理、怎么去治理、科学的治理流程是什么，这具有极强的现实意义。因此，探究地方环境治理模式并明晰其微观过程是摆在理论和现实中的一个重要议题，也会成为推动地方政府实现生态环境高质量发展的关键一环。本书通过结合大样本的回归分析、中等规模样本的组态分析、典型实践的案例研究，重点探究以下研究问题：①中央生态环保督察下地方环境治理受到哪些因素的影响？②中央生态环保督察下地方环境治理具有哪些模式，其中最有效的环境治理模式是什么？③地方环境治理高绩效的实现路径是什么？基于这些问题的深入分析，设计督察常态化背景下地方环境治理的框架体系，为推动地方政府进行高效的环境治理工作、实现生态环境的高质量发展、推动美丽中国建设提供更为落地的政策建议。

1.2 地方环境治理的文献综述

地方环境治理问题始终是国内外学术界关注的重点议题。学者们以地方政府作为研究视角，相继从地方环境治理的影响因素、治理模式等角度开始对地方政府如何推动环境治理绩效的实现开展了大量研究，形成了丰富的研究成果。

1.2.1 地方环境治理的影响因素

关于地方环境治理影响因素的研究得到了学者的大量关注，整体而言形成了情境维度、自上而下维度和自下而上维度，实现了从侧重于地方政府内部治理的探讨到强调社会主体多元共治的视角转变。

1. 情境维度

环境问题始终嵌入在其所处的外部情境之中，因此解决环境问题应该考虑治理情境的异质性。现有研究探讨了包括制度的差异性、棘手问题等诸多情境要素对地方环境治理的影响。

首先，不同的制度情境下地方政府环境治理的方式有所不同。环境政治领域的研究指出，一些西方国家有很好的治理传统去推动非政府主体参与（Beeson，2010），因此多元主体共同协作去推动地方政府环境治理是较为普遍的一种方式。但对于典型的环境威权主义国家，受制于制度的惯性，倾向于采用命令控制的手段，导致协作往往难以产生，因此，在这种制度体制下地方政府往往采取自上而下强控制的方式去推动环境治理工作，参与被严格限制在一些精英群体之中。虽然环境威权主义国家在解决环境问题中会迸发出特有的优势，但在解决这种跨域、棘手的环境问题时依然遭遇了大量困境，如成本高昂、不可持续性等。然而，从治理现实来看，近年来，这种制度属性所造成的截然不同的治理行为引起了学者的反思，学者们逐渐意识到无论何种制度属性，地方环境治理均需要实现政府干预和多元协作的共存。

其次，环境问题的差异往往会影响地方政府不同治理工具的选择。现有研究认为，环境问题一般包括问题类型（自然属性）和利益相关者属性（社会属性）两个方面：在问题类型上，污泥处理、矿山治理等这些环境问题具有明确的责任对象，能够实现点对点的治理，而水、大气污染等环境问题则天然具有明显的跨域性、污染源排查复杂、影响的时滞性等特征，治理难度存在显著差异，同时还要考虑问题本身是否具备科学合理的技术解决方案（孙岩和张备，2022）；在利益相关者属性上，需要考虑问题涉及的利益相关者的复杂程度以及利益关系是否难以调和。传统的治理模式往往忽视具体问题的属性而采取“一刀切”“临时关停”等策略，或者盲目使用政策工具，产生了极其严重的自然生态和社会生态影响（庄玉乙和胡蓉，2020）。因此，现有研究进一步呼吁通过明晰问题类型以及相应的棘手程度，从而确定适宜的解决方案。最后，现有研究还指出各地不同的经济发展、人力资源、产业结构、创新水平等状况也均会影响地方环境治理行为（李子豪和白婷婷，2021；董香书等，2022；郭凌军等；2022）。

2. 自上而下维度

地方环境治理会受到自上而下的纵向影响，将地方政府放置在科层结构之中，上级政府的政策安排、奖惩机制、目标管理等一系列因素均会影响地方政府的环境治理行为，并且当常规的行政指令难以实现有效的环境治理时，政府也会运用动员的手段来重塑地方政府的环境治理行为逻辑。整体而言，现有研究主要识别了包括政策属性层面、行政层面和动员层面三类影响因素。

首先，政策属性会影响地方环境治理行为，正如政策特性理论指出，清晰的政策目标和政策工具可以推动地方政府实现有效的环境治理，而政策本身目标模糊、政策设计不合理、政策不确定性较高等则会带来环境治理的失败（杨宏山，2014）。不确定性最有可能出现在政策运行初期，如Hoffmann et al.（2008）对欧洲的排放交易体系的研究指明了其在政策运行初期，在基本方向、措施和规则、执行过程监管要求等方面存在的一系列不确定性。但是将不确定性放置在治理结构下探讨，地方政府作为当地环境治理的主体，受制于各地差异化的治理环境，往往需要对政策进行一定的策略性调整（王亚华，2013），所以适当的模糊性和不确定性对环境治理而言也是有效的。也有学者探讨了政策不确定性与其他因素的协同，如Liu et al.（2018）对政府资助的志愿环境计划执行的研究就立足于政策不确定性与新制度主义的结合。此外，也有学者关注到了其他政策因素对地方政府环境治理行为的影响，如政策的发文单位等[㊀]。

其次，地方政府的环境治理行为会受到层级制的约束。上级政府的财税激励以及晋升激励是地方政府环境治理的主要动力来源，上级政府通过设置不同的激励函数来调动下级政府的注意力从而推动地方政府的环境治理工作（Zhang，2021）。地方政府一方面为了回应上级的需求从而展现出实动、暗动、伪动、缓动等不同策略（陈玲等，2010），另一方面出于自身需求的考量会选择性执行，通过制造政绩工程、发展污染产业来博得短期的经济和政治收益。同时，地方环境治理行为也会受到组织结构的影响，在我国多级的政府层级以及复杂的条块体系下，环境的有效治理往往不是依靠单一政府主体或者单一政府部门。此外，从层级结构出发，地方环境治理行为与上级政府的任务重心密切相关，通过识别相应政策的政治势能，依靠高位推动可以带来环境治理任务的推进，但随着自上而下的“层层加码”，地方政府往往面临着难以实现的政策目标，因此会依据各种考核选择性地执行。而从条块结构出发，政策目标的实现取决于各个部门的协同配合，因此打破部门孤立局面，实现部门内部有效协同对于环境治理意义重大。

㊀ 贾秀飞，贺东航. 融通、同构与转型：运动式环境治理与政治势能的联动逻辑［J］. 哈尔滨工业大学学报（社会科学版），2021，23(3)：43-49.

最后，地方环境治理行为会受到动员因素的影响。我国特有的动员体制对地方环境治理的作用凸显，通过各级党委的高度重视，可以最大限度地调动地方政府的注意力，从而实现环境治理工作的有效开展。当常规的行政手段难以有效解决环境治理问题时，上级往往会通过党政领导高度重视、开展专项行动、进行问责等方式来及时对地方环境治理行为进行纠偏，从而短时间完成环境治理任务。

3. 自下而上维度

自上而下的视角一定程度上忽视了地方政府的主动性以及与非政府主体的互动，因此，大量研究开始从自下而上的视角出发分析地方环境治理行为，形成了包括街头官僚、网络等角度，研究视角也逐渐从单一主体的控制转向了多元主体的互动。

首先，街头官僚对地方环境治理的影响。作为自下而上维度的代表性研究，街头官僚对地方环境治理的影响得到学者的大量关注，关于街头官僚的研究关注的是在环境治理中一线治理人员（街头官僚）同普通民众的日常互动。Lipsky（1969）指出街头官僚既执行政策同时也在一定程度上充当政策的制定者，面临着复杂的外部环境，通过使用不同程度的自由裁量权以发展一套适合自己的行动策略。现有研究从个人特征、组织特征、服务对象三方面出发去探讨影响街头官僚微观行为的因素，其关注的核心问题是在具体的治理场域中自由裁量权的使用（陈那波和卢施羽，2013）。通过对街头官僚行为的探讨，一方面将关于地方环境治理的研究从政府组织内部拓展到了组织外部，另一方面街头官僚本身与目标群体直接互动，存在由政府与社会的中介变成社会治理的共同参与者的可能性。因此，透过街头官僚的视角，可以更好地丰富地方政府环境治理的微观细节。

其次，随着环境问题复杂性的提升，网络逐渐成为地方环境治理中最重要的因素。从网络的视角出发，地方环境治理受到基层政府与民众、企业等利益相关者互动的影响，现有研究指出了包括网络中利益相关者的参与意愿、资源状况、领导力水平、权力、信任等过程要素以及网络自身的结构等对地方环境治理的影响（Ansell and Gash，2008；Agbodzakey，2021；Huang et al.，2021）。因此，在网络视角下，环境治理往往是去中心化的、多元的，政府抑或单一部门并非解决问题的良药，往往受制于环境问题的棘手性以及资源和能力缺失，导致单一主体治理的失败，而有效的治理往往是实验性、试验性、分布的和多维度的（Morrison et al.，2019）。如阎波等（2020）在对三个大气污染政策执行网络的分析中发现协同型网络的执行效果最优，Baldwin（2020）研究发现不同利益相关者的有效协商能够显著降低用户用电量，而 Tuokuu et al.（2019）则指出在环境政策设计和执行阶段缺乏利益相关者的参与会加剧地区环境退化，因此，合理地引入相关主体搭建环境治理网络，对于提升环境治理绩效具有重要作用。但学者进一步指出，构建治理网络并非易事，参与者是否有效参与往往受到多种因素的影响（Wegner and Verschoore，2022），如对环境问题的关注度、自身的资源状况等。同时，网络的形成和运转也受到大量因素的影响和制约，因此如何有效管理网络是政府与利益相关者之间形成网络进而开展互动的关键。

1.2.2　地方环境治理模式

除了影响因素的分析，一些研究进一步透过影响因素去归纳其背后的环境治理模式。有关我国地方环境治理模式的研究始于对大国治理体系的探讨，形成了常规和动员两种环境治理模式，常规模式聚焦于自上而下的官僚制约束对地方政府环境治理的影响，而动员模式则注重依托党委的力量来推动环境治理工作（周雪光，2012）。而关于国外环境治理模式的研究，相继形成了利维坦、私有化、多中心治理、协作治理等诸多模式，其中协作治理模式是当前西方环境治理的主要模式。

1. 地方环境治理的常规模式

一般而言，科层制组织完成环境治理任务包含常规治理和运动式治理两种模式，常规模式是在典型的压力型体制下，依靠目标管理责任制，通过自上而下的科层结构实现治理任务的层层下发，从而推动地方政府去开展环境治理工作。但在具体的环境治理过程中，科层制的低效率、工具理性等问题也会逐渐暴露出来，出现了上下级之间的“共谋”、选择性执行等一系列问题。

关于常规模式下地方环境治理的研究主要是基于“委托—代理”理论。首先，在我国多级的政府层级以及复杂的条块体系下，作为代理人的地方政府，往往会从自身利益出发，利用信息不对称实现各种环境政策的差异化执行。在长期的重视经济发展而忽视环境保护的大背景下，地方政府的晋升主要通过各种容易衡量的经济发展指标来决定。同时，地方政府也面临着有限的晋升机会，围绕着经济发展来竞争，进而忽视环境治理的重要性，环境治理并不是政府的优先议程。地方政府一方面会采取“不治理”的策略，通过制造政绩工程、发展污染产业来博得短期的经济和政治收益，只有环境问题的解决有利于经济发展时才会得到有效治理；另一方面地方政府会采取“乱治理”的治理策略，Kostka（2016）研究发现为了应付上级政府的环境治理任务，部分地方政府采取了“弄虚作假”“瞒报”“篡改数据”等手段。

其次，作为委托方的上级政府，则一般借助目标考核工具来调动地方政府的环境治理注意力。具体而言，正如上文提到的晋升激励以及财税激励是常规模式下地方环境治理的主要动力来源，这种方式显著扭转了地方政府的环境治理注意力，提升了地区环境治理绩效。但常规治理机制受制于压力型体制的影响，地方政府在具体治理任务执行中会出现事权下移、自上而下“层层加码”的问题，地方政府往往面临着难以实现的治理目标，因此会依据各种考核选择性治理，出现了上下级“共谋”的现象以及“弱排名激励”等一系列问题（周雪光，2008；练宏，2016）。

2. 地方环境治理的动员模式

动员模式则是在常规模式失败后，通过对科层制的重构来实现既定政策目标。运动式治理是一种手段，即依托党政领导的高度关注，短时间内聚集各方资源，凝聚各方注意力，从而超越科层制，最终实现治理绩效（Liu et al.，2015）。运动式治理的产生源自科层制治理的失败，在环境治理中，运动化成了主导，运动式治理被大量应用在地方环境治理的过程之中，已成为地方环境治理的主要模式。上级政府依托党委的高度关注不断动员地方政府实现相应的环境治理政策目标，而下级政府则通过将政策相关方纳入科层链条之中来实现“调适性”动员（王诗宗和杨帆，2018）。运动式治理突破了科层制在协调、动员等方面的不足，短时间内聚集各方注意力来推动政策目标的实现，相当于在压力型体制下的二次加压，一定程度上提升了地方政府的环境绩效，但也打破了常规治理的稳定、效率等优势，其自身的阶段性特征仍带来了大量的集中关停、“一刀切”等不可持续的问题（Chen et al.，2013；石庆玲等，2016）。

后续的研究进一步指出，在当前的地方环境治理中动员模式开始走向常规，即“运动式治理常规化”(徐明强和许汉泽，2019)。由于科层制的优势在治理现实问题中往往难以发挥其作用，进而导致动员模式逐渐成为一种常规化的治理手段。但也有学者明确指出其结果是“内卷化”“破坏性而非建设性”（杨志军，2015），容易造成治理的“棘轮效应”（原超和李妮，2017），同时丧失了常规和动员的优势。

近年来有研究开始突破常规和动员二元对立的思路，认为常规和动员两者之间如果实现有效结合，能够最大限度地激发政府治理潜能，如徐明强和许汉泽（2019）提出的“运动其外与常规其内”的模式，以及孙岩和张备（2022）总结出的地方政府环境政策有效执行的三条路径，均在一定程度上实现了常规和动员的有效结合。随着党和政府进一步对社会力量参与环境治理的重视，近来不少研究从行政控制和多元参与的视角出发去分析地方环境治理过程，形成了诸多治理模式，如“调适性社会动员”（王诗宗和杨帆，2018），但这些观点仍然延续了常规和动员模式的分析框架。

3. 地方环境治理的协作模式

协作治理逐渐成为地方环境治理中的一个主流和前沿的研究视角，Emerson et al.（2012）指出协作治理是指人们建设性地跨部门、层级以及公私边界去参与公共政策制定和管理过程，进而实现单一主体所难以实现的公共目标。因此，在地方政府环境治理过程中，与环境问题密切相关的利益相关者主动参与到环境治理中，进而形成了环境治理的协作模式。其打破了常规和动员模式只强调政府单一主体对环境问题的解决，开始引入多元主体的分析视角。协作模式被视为实现可持续环境治理绩效的最佳模式，如 Jager et al.（2020）探索了非政府主体参与协作治理对于提升环境治理绩效的不同路径，Scott（2016）强调了在协作治理进程中组织机构能力的重要性，Chen et al.（2021）基于中国的环境治理问题，指出在中国背景下协作治理会显著提升环境治理绩效。

但协作模式往往需要科学的管理网络策略、良好的协作过程、有效的网络结构以及培育协作的制度土壤等，因此实现协作绩效的成本较高。如何有效地管理协作逐渐成为协作模式关注的重点议题（Klijn et al.，2010；

Liu et al.，2021），相应地，学者们从协作治理过程、协作治理目标、网络结构等多维视角剖析了协作模式实现环境治理绩效的过程机制，如网络中领导者的作用、协作历史、信任等（Biddle and Koontz，2014）。

4. 地方环境治理的其他模式

除了上述主要模式，学者们也探讨了其他环境治理模式。如利维坦模式的核心观点在于通过中央政府的强控制力来推动环境问题的解决，强调政府管制的重要作用，但其往往依赖于信息的完全性、可靠的政府监督以及政府的权威性和制裁的有效性。

私有化模式则认为通过市场能够解决环境治理问题，主要采取包括：征税、补贴、产权私人所有等方式实现效率改进，但水污染、大气污染等大量环境问题具有很强的流动性和跨地域性特征，难以明晰产权，通常会产生外部性，因而会出现市场失灵问题。

多中心治理模式是基于多中心理论而发展出的一套解决公共池塘资源的治理模式，其摆脱了政府、市场的单一中心治理结构，允许存在多个治理中心，鼓励参与者通过互动来自主创建治理规则，实现自主治理（Ostrom，1990）。

1.2.3 中央生态环保督察下的地方环境治理

现有研究普遍认为，中央生态环保督察作为常规治理之外的一种运动式治理工具，旨在调整常规治理模式下央地关系、府际关系以及政社关系的失衡。通过自上而下强有力的党政同督、明确的问题导向、严格的整改与问责，中央生态环保督察制度的开展向社会彰显了国家的监管能力，重塑了环境治理中的政治权威。同时，中央生态环保督察还重构了自下而上公众制度化的参与渠道，大大降低了环境治理中的信息不对称问题，很好地推动了环保督察工作的开展。

但是，现有研究也指出，在中央生态环保督察下具体的地方环境治理实践中，部分地方政府受制于自身资源与任务难度，选择了“一刀切”或者集中整治等差异化执行模式。崔晶（2020）的研究则指出了环保督察下地方环境治理中各主体呈现出一种“运动式应对”的特征。

整体而言，中央生态环保督察制度的实施取得了显著成效，王岭等（2019）研究指出首轮环保督察和“回头看”都显著降低了空气污染水平，震慑了地方企业的空气污染行为。马洁琼和赵海峰（2023）指出，中央生态环保督察对城市生态环境质量的影响具有时滞效应。这些研究都表明，中央生态环保督察虽然是运动式治理的一种形式，但中央政府也在不断通过制度设计来试图破解运动式治理的弊端，实现中央生态环保督察的常规化，从而持续作用于地方政府，打击不作为、“一刀切”等问题。

1.2.4　环境治理中的制度逻辑

制度逻辑是组织理论中的一个核心研究领域，有益于更深刻地理解地方环境治理中不同组织的行为策略。

1. 制度逻辑的相关研究

关于制度逻辑的研究经历了从单一到多元的转变，单一制度逻辑强调组织行为的趋同性，而多元制度逻辑则关注组织行为的多样性。进而学者从制度逻辑的特征、如何管理逻辑冲突入手进行了大量研究。

组织往往面临着多重制度逻辑，如社会企业面临着社会逻辑和市场逻辑、国有企业面临着商业逻辑和政府逻辑、企业创新领域面临着探索逻辑和开发逻辑等，Thornton（2004）指出社区、公司、家庭、市场、宗教、国家和职业的逻辑共同构成了“社会的主要准则”。但这些逻辑之间并非完全彼此兼容，大量逻辑之间往往呈现出矛盾的特征，具体而言，Besharov and Smith（2014）从制度多元性的视角切入，根据逻辑的兼容性和中心性区分了从没有冲突到大量冲突的不同逻辑的潜在冲突程度。

一些研究认为多元制度逻辑会威胁组织的发展以及绩效的实现，但另一些研究则认为通过有效的管理，多元制度逻辑可以激发组织创新、推动组织的可持续发展。相应的后续研究开始聚焦于如何去有效管理组织的多元制度逻辑，进而化解潜在的冲突，形成了从权变视角到悖论视角的转变。权变视角认为组织应该考虑不同的情境进而选择相应的制度逻辑，而悖论视角则认为组织应该实现多重制度逻辑的共存（Smith and Lewis，2011）。

学者们也提出了大量管理制度逻辑冲突实现共存的策略，形成了涵盖组织内部制度逻辑冲突的化解和组织间制度逻辑冲突的化解等不同的研究视角。关于组织内部制度逻辑冲突的化解，学者们提出了组织结构化分隔、混合以及悖论管理等策略（Pache and Santos，2013；Battilana and Lee，2014；Dalpiaz et al.，2016；Song，2023）。结构化分隔是指组织通过结构化的区分策略将遵循不同制度逻辑的行动者划分在单独的模块之中，遵循不同制度逻辑的行动者之间不会发生实质性、正面的接触，进而化解组织内部不同逻辑之间冲突。如Song（2023）对韩国寺庙中逻辑冲突化解策略的研究就指出，组织通过结构化分隔策略将从事社会活动和从事修道的僧人进行区分，从而有效化解了寺庙内部遵循不同制度逻辑的人员之间的冲突。混合则是通过巧妙设计形成一种新的组织形式以实现逻辑的兼容，社会企业就是将社会逻辑和市场逻辑兼容到一个新的混合组织中（Smith and Besharov，2019），但混合策略的前提是两种逻辑之间存在一定程度的兼容性。悖论是指组织中相互对立但又相互关联的元素同时存在，并且随着时间的推移不断持续（Lewis and Smith，2022），悖论管理是化解对组织而言“中心性强并且兼容程度差”的双重制度逻辑之间的冲突，Lewis and Smith（2022）从个体和情境层面总结了悖论管理的策略框架，Gümüsay et al.（2020）对伊斯兰银行在德国建立过程的分析中提出了“一词多义”“多重奏”“弹性混合”等缓解逻辑冲突的策略。

关于组织间制度逻辑冲突化解，学者们形成了外部情境和组织间关系两个视角。外部情境会影响场域中存在的制度逻辑的数量，进而增加组织间处理多重制度逻辑的难度。如Bohn and Gümüsay（2023）发现德国能源转型背景下存在着供应安全逻辑、成本效益逻辑、卡特尔逻辑、安全逻辑、竞争逻辑、可持续性逻辑和公民能源逻辑七个制度逻辑，并进一步分析了不同制度逻辑之间的演化关系。组织间的关系也会影响制度逻辑冲突的化解，如Thomas（2008）总结了竞争、合作、顺应、妥协和回避五种不同的组织间关系，进而采取不同的方式去化解组织间的冲突。蔡晓梅和苏杨（2022）在对生态文明建设背景下国家公园中的制度逻辑进行分析后指出，通过调整不同政府部门之间责权利关系，实现不同部门间的利益均衡和激励相容，可以推动制度逻辑由冲突走向共生。

2. 环境治理中制度逻辑的相关研究

多元制度逻辑研究的主要阵地在企业管理等领域，而地方环境治理中同样受到多重制度逻辑的影响，但这部分研究尚处于起步阶段。现有关于地方环境治理的部分研究遵循常规治理和运动式治理的路径，其背后彰显的地方政府行为准则依旧是单一主体的地方政府运用不同的控制措施来推动环境治理，因此属于控制逻辑指导下的地方环境治理。但随着党和国家对环境治理中政府和社会主体多元共治的呼吁，新近研究开始突破单一制度逻辑，开始关注政府如何同社会主体有效协作进而推进环境治理。部分学者聚焦于分析政府内部的协作，如母睿等（2019）关注城市群之间的协作、锁利铭和李雪（2021）关注区域公共事务治理中跨域府际协作治理。部分学者聚焦于分析政府与社会主体的协作，如王诗宗和杨帆（2018）提出的“调适性社会动员”、崔晶（2022）提出的“松散关联式”协作。王盈盈和王守清（2022）探讨了政府和社会资本合作的PPP+EOD模式在生态环境治理中的运用，张金阁（2023）聚焦公众参与在环境治理的作用，母睿和郎梦（2023）从共同生产视角出发分析政府和公众协作在生活垃圾分类中的作用。这些研究虽然并未言明其运用制度逻辑的视角，但不难看出，这些研究开始逐步将协作逻辑引入地方环境治理行为分析中，协作逻辑开始成为地方环境治理的一种主导逻辑。但在中国治理情境下协作逻辑的运用并非如西方协作治理理论那样强调多主体互动的极端重要性，而更多地呈现出一种协作逻辑与控制逻辑交织的状态，这样才能发挥中国独特制度属性的优势，最大限度地实现政府主导和社会参与的共同价值。

1.2.5 研究述评

总体而言，现有研究对我国地方环境治理进行了丰富的探讨，但是仍存在以下几点不足：

首先，现有研究侧重于分析我国地方环境治理为什么会失败，忽视了对有效的环境治理行为的探讨。在我国的环境治理中，长期受到“晋升锦标赛”的影响，导致环境治理始终为经济发展让步，因此研究的侧重点在于分析环境治理为什么会失败，如常规模式和动员模式均是产生于这一背景之下。但近年来随着中央政府对生态环境治理的高度重视，各地涌现了一批优秀的环境治理案例，这些探讨环境治理为什么会失败的研究结论难以有效解释这些优秀的地方环境治理行为。因此，亟须基于全新研究情境，提炼有效的影响因素、揭示有效的治理模式、挖掘有效的过程机制。

其次，党的二十大报告明确指出，要进一步健全现代环境治理体系，构建党委领导、政府主导、企业主体、社会组织和公众共同参与的生态环境保护大格局。这就迫切需要构建控制和协作双重制度逻辑共存的新的地方环境治理研究视角，已有关于地方环境治理的研究开始朝着这个方向迈进，但仍缺乏系统的实证研究。双重制度逻辑中哪些要素会发挥作用？呈现何种适配关系？双重制度逻辑推动地方环境治理实现高绩效的微观过程是什么？这些问题依旧是模糊不清的，因此难以为地方政府因地制宜开展多元共治提供科学指导。

再次，未能清楚地揭示地方环境治理影响因素的联动效应及其实施路径。多要素之间系统联动的协调性与有效性是决定环境治理成败的关键，但现有研究多聚焦于对环境治理影响因素的“净效应”分析，而对影响因素之间的联动效应及其实施路径进行细致探索的文献则明显不足，因此无法深入解读地方环境治理的“黑箱”过程。并且，为数不多的相关研究多以单一案例为分析对象，缺少对不同组织特征和制度环境约束下的跨案例比较分析与多案例整合研究，研究结论的外部效度不高，这就限制了现有成果对地方环境治理的理论解释力与实践指导价值。

最后，对中央生态环保督察制度运行过程中地方政府的回应行为还缺乏充分的研究关注。中央生态环保督察作为一项制度创新，得到了学者的大量关注。但主流研究聚焦于宏观层面上的政策效果评估和督察制度分析，对于督察制度压力下更为微观的地方环境治理行为研究尚处于起步阶段，且多为对地方环境治理的特征总结和治理偏差分析，难以更好地为完善中央生态环保督察制度、提升地方环境治理效果提供理论支持。

1.3 扎根地方环境治理实践：研究对象与研究方法

“实践转向”是近年来管理学领域的重要话题，聚焦独特情景、挖掘现实问题、扎根地方实践，这样才能发现“真问题”、解决“瓶颈问题”。本书以中央生态环保督察下的地方环境治理微观实践为基础，结合大量的文本资料收集以及深入一线的访谈调研，运用定量、定性相结合的研究方法，有效探究了地方环境治理高绩效的治理模式和实现路径。

1.3.1 研究对象

督察是手段，整改才是目的，督察的成效正是通过地方政府整改的成效来体现的。中央生态环保督察通过“回头看”、约谈、典型案例曝光、深入一线暗访等方式，推动地方政府在环境治理过程中注重发展与保护的协调，提升生态环境治理的可持续性，避免发生“一刀切”“集中关停”等治理行为，但同时也暴露了地方政府大量的环境治理“不作为”“乱作为”行为。因此，本书扎根于中央生态环保督察下地方环境治理的微观实践，选择了第二轮中央生态环保督察期间公布的典型负面和典型优秀的地方环境治理案例，对地方环境治理绩效实现的影响因素、治理模式和过程路径开展研究。

1.3.2 研究方法

本书主要采用了内容分析、回归分析、组态分析、案例研究等方法探究中央生态环保督察下地方环境治理的影响因素、治理模式和实现路径。

1. 内容分析法

内容分析法是对文本材料进行分类，将其简化为更加相关的、容易处理的数据单位。本书将构建中央生态环保督察下地方环境治理的案例库，运用内容分析法从案例库的文本中提炼地方环境治理的影响因素。具体分析步骤如下：明确研究问题。针对“外部情境——控制逻辑——协作逻辑三个维度下地方环境治理的关键影响因素有哪些？”这一研究问题，以本书构建的案例集作为数据来源进行内容分析；确定分析单位。本书关注的是地方环境治理的影响因素，在案例文本中体现为地方政府以及利益相关者的治理手段、方式、方法等，为了全面和清晰地呈现丰富的治理细节，以句子作为分析单位；制定编码表。首先，通过理论分析以及对文本资料的阅读，划分“外部情境——控制逻辑——协作逻辑”的子类目，进而明确各个类目的具体定义，由此形成编码表。其次，对案例文本资料逐句编码，编码工作在 NVivo 11 软件上进行。

2. 回归分析

采用 Probit 回归分析的方法分析中央生态环保督察下地方环境治理的影响因素，从而确定地方环境治理的关键影响因素。具体步骤如下：以本书构建的案例库为研究样本，共涉及 178 个研究样本；构建计量模型并开展实证分析。运用 Stata 15.0 统计软件进行实证分析，由于结果变量为二分变量，采用 Probit 进行回归，具体包括两个步骤：首先，从最大值、最小值、均值、标准差等方面对变量进行描述性分析；其次，进行基准回归，分别引入情境、控制、协作以及控制变量进行回归分析，总结出显著提升地方环境治理绩效的关键影响因素，稳健性检验部分运用 Logit 模型进行回归分析，判断实证结果的稳健性。回归模型如下：

$$P(Y_i=1|X_1, X_2, X_3, \cdots, X_k)=\phi(\beta_0+\beta_1 X_1+\beta_2 X_2+\beta_3 X_3+\cdots+\beta_k X_k)$$

3. 模糊集定性比较分析（fsQCA）

QCA是一种基于集合理论和布尔代数的分析方法，通过将变量校准为集合，从而识别出必要条件和充分条件以及因素之间的组合配置。其中，必要条件是该条件的缺失会导致结果的缺失，充分条件则是指如果该条件存在结果也会存在。在QCA分析中，研究者可以通过跨案例比较，找出不同条件的匹配模式与结果之间的逻辑关系，产生所谓的殊途同归的效果。QCA结果质量一般通过两个指标来衡量：一致性和覆盖度，取值在0~1之间，一致性意味着集合关系对结果的解释程度，而覆盖度则表示集合关系可以代表多少案例。

（1）方法适用性。第一，区别于回归分析对条件和结果之间的线性讨论，QCA关注条件的组合对结果的影响。由于影响地方环境治理的因素之间是一种复杂的、交互的关系，各种因素之间往往会发生协同作用进而影响环境治理绩效的实现，而QCA正是从组态的视角关注这种复杂的、多重并发因果关系。尽管也有研究关注到了各因素之间的协同作用，但是以单案例或比较案例分析为主，面临着推广性不足的问题。而QCA结合了定性分析和定量分析的优势，一定程度上解决了传统方法的局限问题。第二，QCA可以对中等规模样本进行分析。本书选取60个案例样本，若采用实证分析，则样本量太小，且调研或访谈对象很难准确定位及开展分析。而通过QCA分析则可以有效保证结果具有内部效度与外部推广度。第三，fsQCA比csQCA在分析上具有更大的优势，可以将具体的案例指标在程度和类别上进行更为细致的区分，包含更丰富的案例信息，大大提升分析结果的信度和效度。

（2）具体分析步骤。第一，典型案例选择。本文严格遵循QCA筛选案例的基本要求，选择了60个中央生态环保督察下地方环境治理典型案例，包括30个优秀的治理实践典型案例、30个负面的治理实践典型案例。第二，变量模糊集校准。通过理论与案例资料的循环迭代去明确各个变量的具体赋值依据，按照各个变量对环境治理效果的影响程度分别对其进行0~1之间的模糊集校准。分别采用直接校准法和直接赋值法，如条件变量“领导重视”，可根据该变量对环境治理绩效实现的影响对其进行直接赋值，当存在市级领导重视时，赋值为1，不存在时赋值为0；“政府与公众协作”可选择样本数据的上下四分位数和中位数进行直接校准。结果变量“环境治理绩效”按照环保督察对典型案例通报的正面和负面结果分别赋值1和0。进而得到条件变量和结果变量的模糊集隶属分数，继续进行后续的分析。第三，必要条件分析。对各个条件的“必要性”进行单独检验，当条件的一致性大于0.9且具有不可忽视的覆盖度可视该条件为必要条件。第四，真值表构建、完善。首先，基于模糊集的隶属分数构建真值表，得到所有逻辑上可能的条件组态、案例数量、原始一致性分数以及PRI。其次，从两个层面出发去构建完整的真值表。其一是确定原始一致性阈值，原始一致性的得分大于等于特定阈值则认为该组合是结果的子集，被赋值为1。根据已有的研究，综合考虑0.75、0.80、自然断裂点三种情况来确定具体的一致性分数的阈值。其二是确定案例频数阈值。由于只有60个案例，因此案例频数阈值选择为1。第五，真值表分析（组态分析）。在得到完善的真值表之后，对其进行分析，得到简约解、中间解、复杂解三种结果。将中间解和简约解进行匹配以此来识别核心条件、边缘条件。当前因条件同时存在于中间解和简约解中则被视为核心条件，只在中间解中出现则被视为边缘条件。相比于核心条件，边缘条件对结果的重要程度较低，同时参考一致性和覆盖度指标去判断组态的解释力，进而形成实现地方环境治理高绩效的若干种组态，提炼出不同的环境治理模式。

4. 案例研究

案例研究方法是在对研究问题和相关概念进行清楚界定的基础上，从典型案例中归纳发现、总结规律、验证并构建新理论，进而拓展已有研究（Eisenhardt，1989）。案例研究擅长回答“是什么”“为什么”和“怎么样”的问题，在本书中，案例研究则主要用来识别中央生态环保督察下地方环境治理目标演化的微观过程、“高控制—高协作”环境治理模式实现环境治理绩效的路径、控制和协作双重制度逻辑的兼容策略等问题。同时，关于这些问题的研究仍处于理论建构阶段，这决定了案例研究是最为适用的研究方法。

（1）样本选取。遵循典型性、关键性、影响性等原则，选择了中央生态环保督察第二轮公布的178个典型的优秀和负面案例。同时，只选择针对地方政府的整改案例，国家部委、央企的整改不纳入本书的分析。

（2）案例资料搜集。案例资料主要基于生态环境部公布的被督察通报的典型案例，以及各地政府公布的环保督察整改情况报告，并通过查阅各地环保督察网站、政府生态环境部门网站、相关统计年鉴以及相关媒体报道等进一步补充信息。此外，对参与新凤河治理的北控水务集团、参与南明河治理的中国水环境集团、参与洱海治理的云南建投等相关项目经理和负责人进行了深入访谈，搜集数据信息，进一步补充完善案例资料，保证案例资料实现三角验证。最终构建本书所使用的案例库。

（3）数据分析方法。遵循规范的质性资料分析流程，通过作者对搜集到的文本和访谈资料进行多轮编码，形成包含“一阶概念—二阶主题—聚合构念”的三级数据结构图。

（4）案例撰写。综合运用上述的资料搜集和资料分析，总结出地方环境治理目标演化机制、高绩效环境治理模式的实现路径以及控制和协作双重制度逻辑的兼容策略。

1.4 本书的写作结构

本书连同绪论一共 7 章，各个章节的写作顺序遵循中央生态环保督察下地方环境治理的现状分析、理论分析、影响因素分析、模式分析、路径分析、框架设计和政策建议这一思路展开，进而对中央生态环保督察下地方环境治理进行深入系统的研究。通过宏观层面的实证研究、中观层面的组态分析和微观层面的案例研究这一层层深入的分析步骤，探寻出最有效的环境治理模式及其实现路径，为其他地方政府开展环境治理工作提供参考。本书的结构如下：

第 1 章，绪论。本章主要阐明为什么要开展本研究以及如何进行本研究。本章首先对中央生态环保督察下地方环境治理现状进行了描述，指出环保督察下的地方环境治理存在两极分化的现象，优秀的治理经验难以有效扩散，同时很多地方政府依然深陷环境污染的泥潭之中，以此为基础阐述了本书的研究背景、研究意义。进而对地方环境治理的影响因素、治理模式以及中央生态环保督察下的地方环境治理、环境治理中的制度逻辑等研究开展综述，指出现有研究存在的不足，提出本研究的理论价值。接下来论述了本书的研究思路、研究方法以及整体架构和写作安排。

第 2 章，中央生态环保督察与地方环境治理转型。本章首先对中央生态环保督察制度进行简要介绍，分析了中央生态环保督察对地方环境治理的影响。在此基础上，结合运动式治理理论、协作治理理论和制度逻辑理论，构建了“外部情境——控制逻辑——协作逻辑”的中央生态环保督察下地方环境治理分析框架，为后文分析奠定了理论基础。

第 3 章，中央生态环保督察下地方环境治理的影响因素研究。本章基于宏观的视角识别出地方环境治理的关键影响因素。首先，基于第 2 章理论分析构建的“外部情境——控制逻辑——协作逻辑”的分析框架，根据现有文献，总结中央生态环保督察下地方环境治理的影响因素集。其中，外部情境要素主要包括中央生态环保督察所带来的外部压力、问题的复杂性和利益相关者的复杂性，控制维度包括行政干预和领导重视，协作维度包括政府内部部门协作、政企协作以及政府与公民协作。其次，将第二轮中央生态环保督察公布的典型案例进行系统整理，形成了一个涵盖 178 个典型优秀和负面的地方环境治理典型案例数据库。再次，通过内容分析的方法对这些文本资料进行分析，归纳和提炼相关变量。最后，构建了 Probit 回归模型去验证显著提升地方环境治理绩效的关键影响因素。

第 4 章，中央生态环保督察下地方环境治理的模式研究。本章基于中观的视角分析地方环境治理模式，并识别出实现高绩效的环境治理模式。首先，简要回顾了国内外地方环境治理的典型模式，进而提炼出地方环境治理的控制和协作两个维度。其次，基于悖论理论重新界定两者的关系，构建“控制—协作”的类型学框架，区分了“低控制—低协作”“低控制—高协作”“高控制—低协作”以及“高控制—高协作”四种环境治理模式。通过中等规模样本的组态分析得出了控制和协作共存的“高控制—高协作”环境治理模式是实现地方环境治理高绩效的重要模式，并从理论层面对这一模式及其作用进行了深入探讨。

第 5 章，中央生态环保督察下地方环境治理的路径研究。本章基于微观的视角分析了地方环境治理高绩效的实现路径。首先，从治理目标的角度去分析地方环境治理目标演化的微观过程，进而明确地方政府在治理过程中如何进行科学合理的目标管理。其次，选择了六个典型案例对“高控制—高协作”环境治理模式如何实现环境治理高绩效进行案例研究，明晰其发挥作用的过程路径。

第 6 章，督察常态化背景下地方环境治理的框架体系研究。首先，基于前面章节的“宏观—中观—微观”层面的分析结论，结合治理理论和组织悖论理论，形成了“制度—结构—过程—绩效”的地方环境治理的框架体系设计思路。进而分别从制度设计、组织结构、互动过程、治理绩效四个维度，对督察常态化背景下地方政府如何实现控制逻辑和协作逻辑的共存进而推动环境治理绩效的实现开展分析，并选择云南省大理州洱海生态环境治理和安徽省六安市城市水环境治理两个典型案例进行分析，提出相关命题，最终构建督察常态化背景下地方环境治理的框架体系。

第 7 章，研究结论与政策建议。系统总结和归纳前文的研究，进而提出优化地方环境治理的相关政策建议，分别从转变环境治理模式、重视环境治理的过程管理、强化治理过程中对双重制度逻辑的管理能力三个层面为地方政府开展环境治理工作、实现生态环境高质量发展提供了更为落地、可行的政策建议。

第2章

中央生态环保督察与地方环境治理转型

中央生态环保督察是近年来我国环境治理最重要的制度措施，相继在党的十九大、二十大以及“十四五”规划中作为未来的环境治理重点任务提出，目前已经成为推动地方政府进行生态环境治理、追求生态环境高质量发展的重要利器。未来中央生态环保督察将作为一项常态化的制度措施，不断约束着地方政府的环境治理行为。因此，中央生态环保督察对地方环境治理工作的开展具有重要且深远的影响。为了对中央生态环保督察下地方环境治理行为进行深入系统的研究，首先，必须详细梳理中央生态环保督察具体的工作流程，在此基础上分析其对地方环境治理所造成的影响；其次，结合运动式治理、协作治理、制度逻辑等理论构建中央生态环保督察下地方环境治理的分析框架，为分析地方环境治理模式与路径奠定理论基础。

2.1 中央生态环保督察制度简介

理清制度变迁历程对于明晰制度发展脉络、揭示制度对治理行为的影响具有重要价值。本部分将系统梳理中央生态环保督察制度的变迁过程。

2.1.1 从“督查”到“督察”：中央生态环保督察的制度变迁

对地方环境治理而言，一方面受制于经济的强激励以及我国特有行政体制的影响，另一方面由于环境问题的跨域性、复杂性和负外部性导致对环境问题的属地管理困难重重，因此以督查为特征的环境监管体系应运而生。2002年，国家开始设立区域性的环保督查制度，在华南和华东地区试点，到2008年实现了华北、华东、华南、西北、西南、东北六大区域31个省份的全覆盖。区域环保督查中心是原环保部直属事业单位，代表环保部履行相关职能，其对解决跨域环境问题、提升环境政策执行力具有积极影响，但由于督查本身具有明显的督企性质、对环境违法问题缺乏强制权力、与地方政府发展目标不协调等原因，造成该制度并未带来总体环境状况的好转，未显著改善区域环境质量。

近年来伴随着国内外呼吁环境保护的高潮，党和国家对生态环境保护愈发重视，中央生态环保督察制度应运而生。中央政府于 2015 年 7 月 1 日会议审议通过了《环境保护督察方案（试行）》，全面落实党委和政府的环境保护工作，即“党政同责”“一岗双责”，并于 2016 年 1 月在河北省以试点的方式正式启动。2017 年组建中央生态环境保护督察办公室，之后将前期的六大环保督查中心改名为环保督察局，作为原环保部的派出机构，以强化督政的职能。2019 年颁布了《中央生态环境保护督察工作规定》，从而确立了央地两级环保督察体制。2021 年审议通过了《生态环境保护专项督察办法》。中央政府在“十四五”规划中明确指出要健全现代化的环境治理体系，不断完善中央生态环境保护督察制度。中央生态环保督察项目启动后在两年内完成了第一轮督察的全国覆盖，于 2019 年 7 月开始了第二轮环保督察，并于 2022 年 7 月完成，2023 年 11 月对福建、河南、海南、甘肃、青海 5 个省份开启了第三轮中央生态环保督察，成为解决“中央高度关注、群众反映强烈、社会影响恶劣的突出环境问题”的首选。

2.1.2 中央生态环保督察的工作流程

结合对《中央生态环境保护督察工作规定》(2019)、各地公布的中央生态环保督察反馈意见整改方案以及相关的督察下沉各省市的新闻报道的初步分析，可以发现，从整体上中央生态环保督察的具体流程包括：准备、进驻、报告、反馈、移交移送、整改落实和立卷归档等环节。

在督察准备阶段，确立督察组的相关成员和制订工作方案，进行前期的摸排工作，然后下发督察通知。具体的人员安排如下：由中央组织部确定环保督察组的组长和副组长，并且会成立专门的人选库，组长主要由在任或即将离任领导岗位的省部级领导担任，副组长则由生态环境部现职领导担任。各个组员主要以各地的督察人员为主，并且会邀请相关领域的专家参与到督察中，所有人员均为临时指派，并且一次授权，以降低非正式关系对督察权威性的影响。

在督察进驻前，各省的环保督察组会在各省召开动员会，传达此次督察的主要任务。省内各地市领导干部均列席会议，并向社会和公众公布督查组的专门值班电话以及专门邮政信箱。在进驻之后，督察人员开始下沉地市，不打招呼、不提前通知，采用明察暗访、群众举报、深入一线等手段来搜集环境问题的相关线索。对一些重难点问题，督查人员会进一步进行调查取证，发现问题后及时反馈给地方政府要求其进行整改，对于能够立即整改的则当即整改，对于当时不能立即整改的则须明确整改计划和相关期限，并及时向社会公布督察整改情况。下沉地市时间大概持续一到两个月，在完成督察工作后，督查组会在短时间内形成该省的督察报告，在同督察对象交换意见后，将督察报告上报党中央、国务院，批准后向督察对象移交《环保督察反馈意见》与《环保督察责任追究问题清单》，明确具体的环境问题以及相关整改工作的具体要求，并将其作为官员考评的重要标准。

地方政府在收到环保督察的反馈意见后，要及时出台《中央生态环保督察反馈问题整改方案》，详细列出中央生态环保督察指出的环境问题，以及针对该问题的具体整改方案、整改时间、参与整改的人员以及相关责任人等，并且要及时向社会公布整改方案。然后，在具体推进整改工作的过程中，地方政府要积极整改相关问题，对于那些按照整改规定完成整改的相关项目，经过环保督察核查认可后，进行媒体公示，便可进行销号处理。

2.1.3　中央生态环保督察的时间线

中央生态环保督察的督察对象主要包括承担生态环境保护的政府各部门、中央部委以及生产活动对生态环境具有重大影响的一些中央企业。中央生态环保督察在 2016 年以试点的方式对河北省进行了督察，正式督察工作随后就此展开，包括例行督察和“回头看”。从第二轮开始，中央生态环保督察增加了对中央部委和央企的督察，到 2023 年 11 月开始第三轮中央生态环保督察，相关督察对象和具体时间节点如表 2-1 所示。

表 2-1　环保督察时间表

批次	时间	对象
试点	2016 年 1 月～2 月	河北
第一轮第一批	2016 年 7 月～8 月	宁夏、广西、江西、内蒙古、江苏、云南、河南、黑龙江
第一轮第二批	2016 年 11 月～12 月	北京、上海、湖北、广东、重庆、陕西、甘肃
第一轮第三批	2017 年 4 月～5 月	天津、山西、辽宁、安徽、福建、湖南、贵州
第一轮第四批	2017 年 8 月～9 月	吉林、浙江、山东、海南、四川、西藏、青海、新疆
第一批回头看	2018 年 5 月～7 月	河北、内蒙古、黑龙江、江苏、江西、河南、广东、广西、云南、宁夏
第二批回头看	2018 年 11 月～12 月	山西、辽宁、吉林、安徽、山东、湖北、湖南、四川、贵州、陕西

（续）

批次	时间	对象
第二轮第一批	2019 年 7 月～8 月	上海、福建、海南、重庆、甘肃、青海、中国五矿集团、中国化工集团
第二轮第二批	2020 年 8 月～9 月	北京、天津、浙江、中国铝业集团、中国建材集团、国家能源局、国家林业和草原局
第二轮第三批	2021 年 4 月～5 月	安徽、广西、河南、湖南、江西、辽宁、山西、云南
第二轮第四批	2021 年 8 月～9 月	吉林、山东、湖北、广东、四川，中国有色矿业集团、中国黄金集团
第二轮第五批	2021 年 12 月～2022 年 1 月	黑龙江、贵州、陕西、宁夏
第二轮第六批	2022 年 3 月～4 月	河北、江苏、内蒙古、西藏、新疆
第三轮第一批	2023 年 11 月～12 月	福建、河南、海南、甘肃、青海

2.2 中央生态环保督察对地方环境治理的影响

中央生态环保督察对地方环境治理的影响大致可以分为：从“孤掌难鸣”到“多元共治”、从“被动”治理到“主动”治理、从“政府”治理到“党委＋政府”治理、从“线性”思维到“共存”思维。

2.2.1 从“孤掌难鸣”到“多元共治”

传统的关于地方环境治理的研究指出，地方政府始终是环境治理的核心主体，地方政府通过发布政策文件，利用税收、罚款、补贴、监管等诸多方式，管理辖区内发生的环境污染问题。这种传统的环境治理方式暴露出了诸多治理困境。首先，政府侧重于采用命令控制的手段去治理环境问题，只有当环境污染问题发生了，政府才会去进行有效管理。这属于一种事后的管理方式，不利于生态环境的高质量发展。其次，传统治理方式造成污染主体缺乏主动治理污染生产的动力。只要企业从事污染生产的收益大于政府对企业规制的损失，企业就仍然会我行我素。并且，对企业绿色技术创新的政策优惠也存在一定的制度门槛。一方面企业申请困难，缺乏绿色技术转型升级的资金支持；另一方面，当企业继续运用高能耗设备的收益大于进行技术升级的收益时，企业也缺乏技术升级的动力，因此，污染主体的治污动力严重不足。再次，经济发展始终是地方政府的核心目标，环境治理任务始终要为经济发展让位，导致环境治理部门往往处于边缘地位，限制了其正常开展环境治理工作。最后，关于环境治理的具体职能分散在了政府的环保、能源、住建、发改、水利等多个部门之中，部门间的协调联动差，遇到环境污染问题时，信息沟通不畅、责任转嫁、推诿、“九龙治水”现象频发。从中央生态环保督察公布的大量典型案例中同样可以发现，当前的环境治理主体依然是地方政府，地方政府在解决督察指出的环境问题过程中往往采取大量的执法、问责、关停、罚款等手段，虽然短期内具有显著的治理成效，但往往难以实现长效治理，环境污染问题依然会呈现周期性的反复。

如在玉溪市杞麓湖的治理中，地方政府深知自身环境治理能力、技术和资金的不足，但并未考虑如何有效与非政府主体协作去解决环境问题，反而通过政企合谋来为自身谋取利益，上马面子工程。尽管这些面子工程帮助玉溪市政府实现了水质的短暂提升，但最终还是被中央生态环保督察发现并通报批评。崇左市政府在推进城市黑臭水体治理的过程中，虚假填报黑臭水体的信息，并且没有严格按照规定的专项方案进行规范整治，而是“一填了之”，放任污水直排。在城区唯一的污水处理厂运营上，由于管网不完善导致水厂长期低负荷运行，而政府却不得不按照保底量支付污水处理费，不但导致大量污水难以有效处理，同时也造成政府财政资金的严重浪费。整体而言，这些问题的根源还是暴露出了地方政府将环保督察视为一种外部政治压力，抱着完成任务的想法去推动环境治理，造成地方政府只要用最简单的方式达成目标即可，并不会考虑如何更好地治理环境问题。因此，地方政府在环境治理中“孤掌难鸣”。

随着中央生态环保督察逐渐制度化、规范化，地方政府开始逐渐摆脱这种政府部门单一主体治理环境问题的治理方式，开始以督察整改为契机，探索多元主体共同参与环境治理的工作方式。首先，大量地方政府将其内部的多部门协调联动视为治理环境问题的一项必要措施，相继成立了多个环境治理工作领导小组和联席会议，并且由地方政府的核心领导担任直接负责人。如在长白山的违建拆除治理过程中，吉林省、市、县三级分别成立由党委政府主要领导任组长的整改工作领导小组和工作组，建立三级联动机制；宁德市在治理海上综合养殖问题中成立了海上养殖综合整治指挥部；大理州在推动洱海治理中成立了洱海保护治理工作领导小组。通过这种部门间的协调联动，打破了部门之间的信息不对称，有效化解了环境治理的“碎片化”困境。其次，地方政府开始逐渐探索市场化的环境治理方案，引入PPP模式参与环境治理，利用社会资本的技术、资金和管理能力去提升地方政府的环境治理能力。如贵阳市在南明河的治理中发起了多项PPP项目，进行了水环境治理领域的技术创新，探索出了城市内河治理的分布式下沉技术，并在全国其他城市得到了推广运用；秦皇岛市在推动城市污水处理中，将原有存量设施打包给北控水务公司进行运营，真正实现了厂网一体化管理，大幅提升了秦皇岛市的污水处理能力；大理州政府积极与中国水环境集团协作，环洱海建立了多座下沉式污水处理厂，实现了不让一滴污水进入洱海。最后，地方政府开始积极引导公众参与。周黎安（2007）指出从公众层面出发去监督地方政府的行为是破解晋升锦标赛困境的关键。在环保督察期间，地方政府发起了大量的志愿活动和宣传教育活动，向民众科普环境治理知识、宣传环境治理价值以及环境治理成果，进而引导公众积极参与到环境治理中。如贵阳市开发了“百姓拍”APP、大理州开发了“洱海卫士”APP、深圳市开发了“河务通”APP等，公众可以通过移动端去快速发现环境问题、督促地方政府有效解决。总体而言，一些地方政府在环境治理中逐渐引入了“多元共治”，环境治理已经跳出了是政府一家的固有认知，多元主体的有效参与大大降低了政府环境治理的成本，提高了政府发现问题和解决问题的能力，切切实实推动了当地政府实现生态环境高质量发展。

2.2.2 从“被动”治理到“主动”治理

长期以来，我国地方政府过于追求经济发展而忽视环境治理工作，导致我国的环境问题不断恶化。尽管近年来中央政府相继出台了大量政策法规和制度规定，将环境保护纳入政府的绩效考核指标中，但地方政府依然未能培育起环境治理的主动性，呈现出一种“指出问题再解决问题、不指出问题就不解决问题”的治理思路。

在第一轮环保督察期间，大量地方政府依然抱有“督察是临时性的、不会持续”这种想法，如临沂市兰山区为了应对省市的大气污染检查任务，关停了大量企业，禁止商业活动正常运转，严重影响了当地正常的生产生活。因此，在督察的最初阶段，环境治理工作的开展始终以问题是否被督察所关注为标准，只有当问题被督察指出才会得到地方政府的重视，而那些没有被环保督察指出的环境问题则依然被搁置。据本研究统计发现，在被第二轮中央生态环保督察通报的典型失败案例中，只有56.2%的案例是在第一轮和“回头看”被中央生态环保督察指出的，剩下43.8%的案例并未被督察指出，因此地方政府也并未去有效治理这些环境问题。但即使环境问题被中央生态环保督察指出了，地方政府也并未采取有效的治理措施，正如这 56.2% 的案例所呈现的，这些地方政府也并没有完全采取长效治理机制，而是大量付诸“一刀切”“临时关停”“弄虚作假”等方式。山西省太原市迎泽区为了打赢大气污染治理攻坚战，禁止居民烧煤，但并未给居民配给足量的用电取暖设施，也从未考虑居民的经济负担以及电路老化等问题，造成居民被迫烧柴取暖。这不但造成了大气污染问题加剧，也让大量居民难以温暖过冬。

地方政府对督察的各种应对行为也在不断暴露出督察制度本身还存在着不完善的地方，因此，中央生态环保督察通过不断调整以促进督察能够更好地激发地方环境治理的决心，实现长效治理。生态环境部相关领导也多次在媒体和新闻发布会上表示要坚决杜绝“一刀切”行为，并制定了禁止环保“一刀切”的工作意见。在 2019 年第二轮督察正式启动前，国新办举行《中央生态环境保护督察工作规定》发布会，会上，时任生态环境部副部长翟青明确指出，第二轮督察期间要坚决禁止“一刀切”“滥问责”现象，要求坚决禁止紧急停工、紧急停业、紧急停产等简单、粗暴的方式。

随着中央生态环保督察制度的不断完善，中央政府将其视为国家实现高质量发展的战略利器，推动地方环境治理向纵深方向发展。因此，在第二轮督察期间，部分地方政府开始摒弃“一刀切”的治理思维，不断提升环境治理的主动性，积极探索发展与保护的平衡点，走出了一条生态环境高质量发展之路。

首先，习近平生态文明思想在各地得到深入贯彻落实，各地方政府将督察提出的环境问题视为一项核心任务，开展了严格的整治和问责活动，大量不作为、乱作为的政府官员被通报批评，迫使地方政府主动担负起环境治理的重任。如在第二轮中央生态环保督察期间，各个省份被问责人数合计达到了 3035 人，1509 人被给予了党纪政务处分，可见惩处力度之大。

其次，随着各地生态环境治理方案的不断完善、技术不断成熟，各地方政府对于解决棘手环境问题也逐渐有了明确的治理思路，开始主动学习外部经验，提升自身的环境治理绩效。如贵阳市在南明河治理中探索出了分布式下沉污水处理技术，将污水处理厂建在地下，而在地上修建公园、体育馆或者科普馆，实现了邻避效应的有效化解，并且该项技术已经在大理洱海、上海嘉定等地区得到了运用。再如六安市在城市水环境治理中积极主动引进了三峡集团所属长江生态环保集团有限公司进行水环境系统治理，形成了独具六安特色的“厂网河一体化、供排水一体化、城乡一体、建管一体”四个一体治理模式，其“水管家”治理模式成为一种城市水环境治理的全新模式。

最后，各地政府凭借督察所带来的政治压力，打破过去封闭、僵化、不作为的环境治理状况，以督察整改为契机，开始对环境问题进行深入系统的治理。如长江岸线污染问题一直是马鞍山市政府的一个“老大难”问题，长江岸线长期被非法码头、一些“散乱污”企业、砂石堆厂等占据，给长江岸线生态环境带来了极其严重的负面影响。在被中央生态环保督察组指出这些问题后，马鞍山市自觉提高政治站位，持续推进各类问题的系统整改工作，开展了“三大一强”的专项攻坚行动，最终被中央生态环保督察以“‘痛点’变‘亮点’，马鞍山‘变身’记”为典型案例进行报道。类似的治理实践也出现在天津市七里海湿地、白山市长白山治理等多个地区。

由“被动”到“主动”这一治理思维的转变大大提升了地方环境治理的积极性。正如有研究指出，地方政府的环境治理问题并不是一个“钱”的问题，而是一个政府注意力的问题（孙岩和张备，2022），当各地政府均高度重视、积极参与到环境治理中，实现生态环境高质量发展之路将会更加畅通。

2.2.3 从“政府”治理到“党委＋政府”治理

中央生态环保督察对地方环境治理的影响还体现在环保督察所独有的政治属性上。督察制度本身就具有非常明确的政治定位，中央生态环保督察是习近平总书记亲自谋划和部署推动的一项制度措施，是贯彻落实习近平生态文明思想的生动实践。各地方政府需要将督察指出的问题作为重大政治任务、重大民生问题、重大发展问题来进行治理，并始终坚持党的全面领导。各级党委和政府要积极推动环境整改工作推进，同时也是第一责任人。因此，环保督察的政治属性也形塑着地方环境治理行为。

传统的地方环境治理工作往往依靠官僚制来进行，通过设置明确的规章制度、绩效考核标准、发布政策文件等手段来推动环境治理工作的开展，具有典型的政府治理色彩。政府部门通过行政手段治理环境问题，其具有规范化、稳定性等优势，能够解决具有明确治理方案的环境问题，并且具有明确的目标导向。行政人员依靠规章制度和政策方案能够完成这一治理目标，但也仅仅是完成方案里面确定的目标，并无进一步探索可持续的治理方案的动力。而且正如上文分析指出，现实中这一目标也往往让位于经济发展目标，进一步加剧了地方所面临的环境治理困境。

但中央生态环保督察的出现则将政治属性带入到地方环境治理工作之中，“党政同责”和“一岗双责”成为地方政府环境治理工作的常态。因此，督察下的地方环境治理往往是政治动员先行，党委领导高度重视，成立相关工作专班，加大对不作为的惩处力度。通过党委领导的高位推动，有效打破了地方政府在环境治理中的惰性，扭转了地方政府环境治理的注意力，短时间内实现了政府内部各部门人员和资源的协调，化解了单纯依靠政府部门来解决环境问题的诸多弊端。因此，中央生态环保督察下的地方环境治理工作并非单纯地依靠政府部门的常规程序按部就班地推动，而是实现了党委力量的有效嵌入。如在广东练江治理进程中，广东省委书记就亲自实地调研，为地方政府“打气”，省长亲自牵头督办练江的系统治理工作，坚持半年一次现场督导；在洱海的生态搬迁项目中，当地政府将党支部建立在了搬迁工作小组中，督促搬迁工作高效开展，同时党员积极响应政府号召，优先开展搬迁工作，最终洱海周围1806户居民得以顺利搬迁；在黑龙江省哈尔滨市阿什河治理中，哈尔滨市委市政府认真贯彻落实“党政同责”和“一岗双责”，相关负责领导长期在一线进行调度，4年累计共召开200余次治理推进会，有效地解决了阿什河面临的“脏乱差”问题。

但是，中央生态环保督察下的地方环境治理与运动式治理具有明显的差别，运动式治理尽管具有政治动员属性，但学者们将其视为一种临时的、阶段性的治理模式，因此，并不具有长期的可持续的特征。虽然现有学者依然将中央生态环保督察视为运动式治理的一项典型制度措施，但中央生态环保督察制度通过制度化和常态化的督察、自上而下的政府监管和自下而上的公众监督和举报，已经逐渐破除了运动式治理不可持续的弊端。正如《中央生态环境保护督察工作规定》(2019)、《中央生态环境保护督察整改工作办法》(2022）两份纲领性文件所规定的，督察具有明确的工作流程，并且未来也将开展长期的、持续性的督察。因此，中央生态环保督察通过持续的政治动员最终从根源上化解了地方政府环境治理的惰性。

综上，中央生态环保督察是运动式治理常规化的一种制度措施，既具备运动式治理的独特优势，同时又通过常态化的督察破解了运动式治理的“一刀切”、不可持续的困境。并且在督察具体运转过程中，通过政府和党委的有效结合，加之强化规章制度约束、设定环境绩效考核指标、明确环境治理责任人和时间期限等方式，实现了政府和党委的相互协同和彼此促进，形成了一种“党委＋政府”的治理方式。

2.2.4 从“线性”思维到“共存”思维

基于传统的研究视角，控制和协作成了地方环境治理的两条主线。控制是指地方政府通过自上而下的、集权的方法，依靠政府这一单一主体去解决环境问题。而协作是一种运用自下而上的、分权的方法去治理环境问题，涉及政府与非政府主体等多个利益相关者。无论是地方环境治理的常规模式、动员模式还是协作模式，地方政府在环境治理中始终遵循的是控制或协作的治理策略。常规模式重视行政控制，动员模式重视政治动员，这两种模式都忽视了协作对于环境治理的重要意义。协作模式重视通过多元主体协作来推动环境问题的解决，一定程度上忽视了政府控制在其中的作用。

这种二分的、线性的研究思路导致了现有研究在分析地方环境治理中产生了相互冲突的治理绩效。地方政府通过加强控制，可以在短时间内有效整合资源，实现特定目标。然而，这种强控制的治理方式难以产生可持续的环境治理绩效，破坏了政府和企业之间的关系，最终损害了公共价值。虽然加强协作增加了治理的合法性并促进了长期绩效的实现，但缺乏控制同样会阻碍协作的形成和运作。整体而言，控制能够降低协作的运行成本，通过控制的干预，协作更有可能发起和运转。同样地，控制需要引入协作，以增强治理的公平性、合法性。正如最近对组织悖论的研究所表明的那样，多种逻辑的共存对于促进组织治理的可持续性至关重要。如果在地方环境治理中实现控制和协作这一双重制度逻辑的有效共存，将有助于实现地方环境治理的可持续性，但鲜有研究从控制与协作共存的视角去分析。

近年来，中央政府出台了大量政策文件试图去打破以往地方政府在环境治理中囿于控制而忽视协作的治理困境。2020年中共中央办公厅、国务院办公厅印发了《关于构建现代环境治理体系的指导意见》，提出要构建党委领导、政府主导、企业主体、社会组织和公众共同参与的现代环境治理体系。2021年《中共中央 国务院关于深入打好污染防治攻坚战的意见》，提出在打好三大污染防治攻坚战、提升生态环境治理现代化水平中要注重实现多元共治，呼吁政府、企业、公民等多方主体参与到环境治理中。可见，在环境治理中实现控制和协作的共存在制度设计上已经得到了高层的关注。

在具体的地方环境治理实践中，中央生态环保督察下的部分地方开始摆脱传统环境治理中的“线性”思维，积极引入“共存”视角，实现了控制和协作的共存。如在吉林省白山市长白山高尔夫球场和别墅问题治理典型案例中，一方面吉林省和白山市两级党委、政府均高度重视，省委、省政府领导多次与企业负责人面对面交流，另一方面也成立了省市县三级整改工作小组，推进各部门协作参与到整改工作中，同时积极引入居民和企业参与到后期的还林复绿工作中；在六安市城市水环境治理中，地方政府主动邀请环境治理行业标杆企业来治理城市面临的水环境问题，政府扮演“当家”角色，企业则扮演“管家”角色。控制和协作的有效结合使环境问题得以快速有效地解决，地方政府要逐渐摆脱过去的“线性”思维，推动环境治理中控制和协作的有效共存。

2.3 中央生态环保督察下地方环境治理分析框架

本部分将通过扎实的理论分析搭建起中央生态环保督察下地方环境治理的分析框架，进而为本书后续章节开展研究奠定基础。

2.3.1 地方环境治理的理论分析

地方环境治理是一个较为成熟的研究领域，相关理论谱系丰富，其中最契合中央生态环保督察下地方环境治理的理论主要为运动式治理和协作治理，而制度逻辑可以将两个理论有效地链接起来。

1. 运动式治理

“运动式治理”经常在地方环境治理的研究中出现，不同的学者对运动式治理给出了不同的定义。唐皇凤（2007）将其定义为以执政党的合法性为依托，通过政党和政府有意识的宣传引导以及组织渗透，发动群众、集中社会各种资源以实现既定治理目标。冯仕政（2011）将其视为国家运动的一种形式，指出政体依据其组织以及相应的合法性基础，能够打破常规、动员资源，进而形成相应的国家运动，其具有“国家发起”“非制度化、非专业化和非常规化”特征。周雪光（2012）则在此基础上进一步指出，运动式治理是与常规治理彼此交替出现的，在我国大一统体制下，始终存在着集权与分权的困境，因此就形成了常规治理和运动式治理两种截然不同但又彼此交替的治理机制。周雪光（2012）指出“运动式治理的突出特点是打断、叫停官僚体制中按部就班的常规执行程序，旨在替代固有的官僚体制及其常规机制，借助自上而下、政治动员路径集中资源，并汇聚多方面的力量来完成任务。”杨志军（2015）则将运动式治理分为“群众运动时期”“严打运动时期”“专项治理时期”三个阶段，并将专项治理归纳为四个流程、八个阶段以及六个判定标准。

总体来看，学者对运动式治理的定义均具备如下特征：第一是政治性，运动式治理的发起是借助政治力量来推动的，而政治力量又源于政党所独有的专断权力以及合法性，因此，运动式治理具有很强的政治属性；第二是临时性、非制度化，运动式治理并非常态化的治理机制，往往伴随着国家治理注意力的转移而有针对性地发起相关专项行动，当某类问题不再成为国家关注的重点时，运动式治理随即就消散了；第三是具有强大的资源整合能力，运动式治理借助政党的权威来推动某一问题的解决，因此往往能够调动政府内部各个部门的注意力，实现各种资源短时间内的聚集，并且往往会配套成立各种专项小组，发起专项行动；第四是运动式治理具有不可持续性，往往只服务于特定的治理目标，当治理任务完成后则运动式治理随即结束，因此，运动式治理往往会造成不可持续性甚至破坏性的后果。总而言之，运动式治理作为国家治理中一项重要的治理机制，具有其独特的资源动员、整合及凝聚注意力的优势，但也暴露出了临时性、不可持续性等弊端。

长期以来政府追求经济增长而忽视环境保护，因此环境问题始终难以得到地方政府的重视，地方政府往往只借助常规的治理手段来推动环境治理工作，而且在多数情况下，环境问题并未得到解决。随着中央政府逐渐意识到这一发展模式的局限性，环境治理问题越来越受到重视。受限于经济发展的紧迫性以及科层制压力传导的失灵，运动式治理在我国环境治理中广泛存在，以各种保卫战、攻坚战的形式存在，以期通过强有力的自上而下动员来倒逼地方政府扭转发展思维，关注环境问题。但治理过程中也暴露出了大量的问题，地方政府往往采取“一刀切”“集中关停”“虚假整改”等方式来应对上级，使得运动式治理在环境治理中逐渐丧失了其优势，因此，实现运动式治理的转型成为理论界的共识。中央生态环保督察在制度创立之初被学者们视为运动式治理的一个典型实践，但随着中央生态环保督察制度的逐渐完善和发展，其逐渐摆脱了运动式治理的弊端，放大了运动式治理的优势。因此，借鉴运动式治理理论去分析中央生态环保督察下地方环境治理行为具有必要性。

2. 协作治理

随着公共事务变得逐渐复杂和棘手，单独依靠政府单一主体去推动公共事务的解决显然是不现实的，因此协作治理逐渐成为研究政府治理的一个前沿议题（Newig et al.，2018）。针对协作治理，不同学者给出了不同的定义，其中最具代表性的是 Ansell and Gash（2008），其认为协作治理是一种治理安排，一个或多个公共部门直接与非政府主体进行互动进而参与到集体的决策制定过程中，这个决策过程是正式的、一致性导向的并且是慎重的，旨在去制定或者执行公共政策、管理公共项目或者公共资产。Emerson et al.（2012）则在其定义的基础上，进一步将协作治理的范围扩展到了更广泛的治理主体上，除了包括政府、私营部门、民间组织以及社区之外，也涵盖了公私伙伴关系、政府间协作等一系列混合型组织关系。整体而言，协作治理是基于共同的目标，各个利益相关者通过协作来推动治理问题的解决。

当前，协作治理逐渐成为环境治理的一个核心且前沿的议题（Bodin，2017），正如学者们指出协作治理被视为解决环境问题的重要治理机制，并且可持续的环境治理绩效往往是实验性的、适应性的、分布式的和多维度的。因此，在追求可持续的环境治理方案中，政府单一主体往往难以有效解决，引入多主体的参与显然是必要的。但最大限度地发挥协作治理的优势往往是极其困难的，正如 Provan and Kenis（2008）所指出，无论何种网络治理模式都需要承担大量的协调成本。将不同利益相关者整合起来去实现共同目标是一个费时费力的过程，主体间的信任关系、目标的一致性程度、协作所必需的资源、领导力等往往需要一个长期的培育过程，这对于网络中的领导者的治理能力以及参与者的能力均提出了极高的要求（Alonso and Andrews，2019；Ansell et al.，2020；Angst et al.，2022）。学者们总结了通过初始条件设计、协作过程、有效管理等多种策略能够发挥协作治理的优势，进而实现环境治理的可持续性（Bodin，2017；Chen et al.，2021）。总而言之，协作治理主张地方环境治理要摆脱政府单一视角，强调多元参与对于环境治理的重要意义，一定程度上与我国当前构建多元共治的现代环境治理体系不谋而合。

3. 制度逻辑

制度逻辑是由社会构建的，由物质实践、假设、价值观、信仰和规则组成的历史路径，个人据此生产和再生产其物质生活、组织时间和空间，并为其社会现实提供意义（Thornton and Ocasio，1999）。

制度逻辑影响着组织运用何种手段开展行动能够获得合法性。区别于新制度主义关注在单一主导逻辑下组织行为的同构，制度复杂性情境下组织往往面临着多重制度逻辑，因此组织往往会产生差异化的组织行为（Greenwood et al.，2011）。当组织场域面临新的制度逻辑的影响，组织不得不去应对其所带来的冲突。Besharov and Smith（2014）从逻辑的中心性和兼容性出发区分了四种截然不同的双重制度逻辑之间的关系，分析多重制度逻辑对组织的影响正成为制度理论关注的核心议题。组织需要在相互竞争的制度逻辑之中坚守自己的制度逻辑或者去适应其他制度逻辑的影响，造成的结果可能是单一逻辑占据主导地位，也可能是多重制度逻辑共存。

整体而言，随着环境治理所面临的情境与问题复杂性的提升，地方政府在治理环境问题中同样也受到多重制度逻辑的影响。因此，借鉴制度逻辑理论去分析中央生态环保督察下地方政府的环境治理行为具有必要性。

2.3.2 地方环境治理的分析框架

基于运动式治理、协作治理和制度逻辑理论，本章构建了“外部情境——控制逻辑——协作逻辑”的地方环境治理分析框架。

1. 外部情境与地方环境治理

地方环境治理受到外部情境的约束。首先，议题能否得到政府的重视往往是政府实施治理的关键，关于环境治理的动因形成了自上而下和自下而上两条路径。自上而下路径主要包括依托科层制的行政控制以及依托党政系统的政治动员，是通过自上而下的压力传导来驱动地方政府关注环境问题，如目标责任制以及各种环境治理攻坚行动；而自下而上路径则强调社会性的影响，通过进行社会抗争、激发社会舆论来对政府施压以推动环境问题的解决，如典型的邻避运动。而中央生态环保督察下的地方政府主要受到环保督察的影响，环保督察通过自上而下的强监管以及自下而上的公民监督举报以发现环境问题，进而要求地方政府整改，实现了自上而下和自下而上的有效结合。

其次，环境问题的差异往往会影响政府选择不同的治理工具。不同的环境问题所涉及的目标群体、技术难度均是不同的，相应地，政府理应采取不同的治理措施。如大气、河流污染的治理，具有明显的外部性特征，需要进行跨域间的协作治理。同时治理此类问题技术难度大、治理成本高，政府单一主体存在治理困境，积极与社会资本合作治理也逐渐成为一种主流的环境治理模式。新近学者开始逐渐关注对棘手环境问题的治理，区分出了从驯良问题到棘手问题等不同程度的环境问题（Alford and Head，2017；DeFries and Nagendra，2017）。针对棘手的环境问题，应鼓励协作式的环境治理模式，更好地结合各方资源优势来推动环境问题的解决。整体而言，环境问题属性的不同决定了地方政府治理难度上存在差异，相应就会影响地方政府的环境治理行为。

2. “控制”和“协作”：地方环境治理中的双重制度逻辑

随着环境问题日益棘手和复杂，传统以控制为主的地方环境治理模式显然难以有效解决环境问题，政府开始逐渐引入协作，包括运用PPP模式参与环境治理、鼓励环境治理的多元共治等。因此，“控制”或“协作”往往成为地方环境治理的主导逻辑。

（1）控制逻辑与地方环境治理。控制逻辑从委托代理的视角出发，关注个人的机会主义行为，凸显外部动机对行为人的影响（Sundaramurthy and Lewis，2003）。在具体的环境治理情境中，控制逻辑往往作用于直接利益相关者，如污染企业、群众等。控制逻辑强调政府的直接干预在环境治理中的作用。政府和污染企业之间由于信息不对称和潜在利益冲突进而产生委托代理困境，污染企业在治理污染过程中会出现大量的机会主义行为，如瞒报治污成果、虚假治污、偷排等问题。为了有效应对这种困境，政府往往大量运用规制性的、实质性的政策工具去治理，包括财税政策、监管政策等。在控制逻辑下，政府扮演着管理者的角色，关注最终治理结果的实现，往往会忽视具体的治理过程。此外，控制往往具有治理效率高、治理对象明确、能够实现短期的治理绩效的优势，但过度依赖控制会破坏政社关系、增加政府的治理成本、强化政府的短视效应。

本书认为在地方环境治理过程中，一方面要借助常规的行政指令来确保环境问题得以按照程序、步骤去推动解决，通过明确的目标责任制、严格的规章制度、规范的政策文件等，保证了环境治理的规范性，提升了行政体系的运转效率，但极易在治理过程中出现惰性、产生治理偏差；另一方面，地方政府需要借助党委的力量来实现环境治理注意力的聚焦，克服地方政府在环境治理中的惰性思维，破解环境治理中“九龙治水”的困境，进而有效整合各方资源。整体来看，地方政府在环境治理中要不断强化党委和政府的作用，实现党政领导的关注和行政体系的有效结合，最大限度地实现优势互补，如近年来出现的“党政同责”“一岗双责”就是一个例证。

（2）协作逻辑与地方环境治理。协作逻辑从网络的视角出发，关注集体主义中的合作行为，强调内部动机对行为人的影响（Sundaramurthy and Lewis，2003）。在具体的环境治理情境中，相比控制逻辑，协作逻辑往往作用于直接和潜在的利益相关者，如引入了第三方治污企业等。协作逻辑弥补了政府单一主体在处理环境问题中的局限性，通过识别与该问题相关的直接和潜在利益相关者参与到环境治理中，构建多主体多元共治网络，充分运用各方资源、技术和能力来进行环境治理。在具体治理过程中，政府应扮演治理者的角色，注重引导行为而不是科层制的控制，强调培育主体间的信任关系，甚至可以作为元治理的角色让协作网络实现自身的运转。期间，政府应注重运用柔性和程序性的工具（Bali et al.，2021）。协作往往具有整合资源、技术、观点、实现长期效率的优势，但也存在难以准确识别利益相关者、付出大量的协调成本、短期效率低下等弊端。

本书认为，地方政府也需要加强同非政府主体的协作。当前我国的社会治理呈现一种控制和参与双双增强的特征，而环境治理也不例外。环境问题往往涉及复杂的利益相关者、跨越不同的知识边界、具有复杂的技术特征以及跨领域和治理边界，导致政府单一部门在解决环境问题中频频陷入治理困境。因此，地方政府需要与非政府主体形成协作网络，这既包括传统的污染企业、群众等，同时也包括治污的环保企业、NGO 等第三方部门。

综上，本章总结了地方政府环境治理中控制和协作逻辑的具体特征，如表 2-2 所示。

表 2-2　地方政府环境治理中控制和协作逻辑的具体特征

	控制	协作
理论基础	委托—代理	治理与网络
人性假设	个人主义	集体主义
目的	实现行政 / 政治任务	强化主体间关系
治理对象	直接利益相关者	直接和潜在利益相关者
政府的作用	控制	治理
政策工具属性	实质性	程序性
优势	目标明确、瞬时绩效等	资源整合、可持续性等
劣势	不可持续、合法性低等	大量协调成本等

具体在治理过程中，地方政府需要实现政府控制和多元协作的共存，过于强调政府和党委自上而下的作用会造成参与的不足、治理合法性的丧失以及治理结果的不可持续性；而过于强调协作忽视控制则会带来协作网络难以构建、协作主体目标难以快速达成、协作网络难以规范运转等问题。实现控制和协作的共存能够克服过于追求控制或协作单一逻辑的困境，进而实现环境治理的可持续性。

3. 环境治理绩效

对于中央生态环保督察下地方环境治理绩效，本书将从“目标完成度”和“社会适应性”两个维度出发去衡量。在我国“加快生态文明体制改革，建设美丽中国”、推动生态环境高质量发展的战略背景下，对于地方生态环境治理而言，其核心目标不仅是完成对环境污染的整治，更应该实现人与自然和谐共生，不断满足人民日益增长的对优美生态环境的需要。因此，在中央生态环保督察下的地方政府环境治理，除了需要考虑环保督察公布的治理任务是否能够完成，同时也需要考虑这一任务完成所产生的社会影响，是否真正促进了生态环境的高质量发展。这样区分的原因在于，中央生态环保督察下不乏地方政府短期内完成了督察规定的整改任务，但是产生了非常严重的负面影响。如玉溪市在推动杞麓湖治理的过程中，修建柔性围隔工程，人为干扰国控监测点水质，虽然临时完成了上级政府要求的水质目标，但是大量弄虚作假工程的建设造成了治理资源的严重浪费，产生了极其严重的社会影响，并且国控点水质在检查过后也急剧恶化。因此，结合 Emerson and Nabatchi（2015）的研究，从目标完成度和社会适应性两个维度出发对地方政府的环境治理绩效进行区分十分必要。只有当地方政府完成了既定的治理目标，而且进一步探索环境治理的社会适应性影响，关注环境治理模式创新，推动环境治理的可持续性时，本书认为这才是实现了优秀的环境治理绩效。

综上，我们构建了“外部情境——控制逻辑——协作逻辑”的地方环境治理分析框架，如图 2-1 所示。

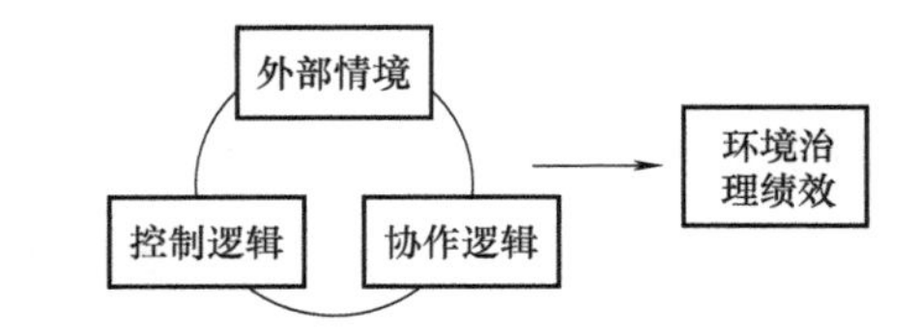

图 2-1 “外部情境——控制逻辑——协作逻辑”的地方环境治理分析框架

本章小结

本章对中央生态环保督察下地方环境治理转型进行了系统梳理和理论分析，进而为后续章节奠定理论基础。

首先，对中央生态环保督察制度进行了系统分析，从中央生态环保督察的制度变迁、工作流程以及在各地督察的时间节点进行论述，进而对中央生态环保督察制度有了更为清晰的认知。

其次，对中央生态环保督察下地方环境治理行为进行了分析，基于理论分析和现实案例的循环迭代，总结了从“孤掌难鸣”到“多元共治”、从“被动”治理到“主动”治理、从“政府”治理到“党委+政府”治理、从“线性”思维到“共存”思维四条影响机理。

最后，基于对运动式治理、协作治理和制度逻辑理论的深入分析，结合对现有文献的系统梳理，构建了中央生态环保督察下地方环境治理的“外部情境——控制逻辑——协作逻辑”的分析框架，为后续章节开展宏观、中观、微观层面的研究奠定理论基础。

第3章

中央生态环保督察下地方环境治理的影响因素研究

中央生态环保督察下的地方环境治理不仅会受到环保督察制度本身所带来的外部压力影响，同时在治理过程中也会受到常规治理和运动式治理这两种典型治理模式的影响，而随着近年来国家相继出台了《关于构建现代环境治理体系的指导意见》(2020)、《关于鼓励和支持社会资本参与生态保护修复的意见》(2021)、《关于规范实施政府和社会资本合作新机制的指导意见》(2023)，多元主体参与环境治理的状况也会影响地方环境治理行为。因此，本章将探讨外部情境、控制逻辑和协作逻辑对地方环境治理绩效的影响，进而识别出中央生态环保督察下地方环境治理的关键影响因素。

3.1 地方环境治理影响因素的理论分析

基于第 2 章搭建的中央生态环保督察下地方环境治理分析框架，本部分将分别从外部情境、控制逻辑和协作逻辑三个维度探究地方环境治理的影响因素，并提出若干研究假说。

3.1.1 外部情境与地方环境治理

地方环境治理会受到外部情境的制约，本章将中央生态环保督察下地方环境治理所面临的外部情境区分为中央生态环保督察压力与棘手环境问题。首先，在中央生态环保督察下地方政府所面临的最直接和最重要的环境治理问题便是解决中央生态环保督察所提出的环境问题，因此将其视为影响地方环境治理的一个重要的外部情境要素是非常契合中央生态环保督察这一政策实践的；其次，棘手环境问题往往是被学者们忽视的一个重要的情境要素，不同的棘手问题会直接影响地方政府选择不同的环境治理工具，衍生出截然不同的治理策略。

1. 中央生态环保督察压力与地方环境治理

长期以来追求经济增长而忽视环境保护的发展模式导致地方政府缺乏环境治理的主动性，因此地方政府往往直接规避环境治理问题，秉持着“不出事”的环境治理逻辑。当 GDP 考核指标尚未实现、尚未爆发环境问题的群体性事件时，地方政府往往并不会对环境问题采取实质性的治理措施。总的来说，地方政府始终以 GDP 增长为核心目标，环境问题往往被地方政府视为边缘目标。

近年来党和国家对环境治理问题日益重视，在官员的目标考核体系、晋升上均设置了与环境治理相关的指标，实行了针对环境治理问题的“一票否决制”。如 2013 年颁布的《关于印发大气污染防治行动计划的通知》明确将各地的大气污染治理情况作为约束性指标纳入官员的考核之中。随后，中央政府又相继开展了大量的环境治理攻坚战，如“蓝天保卫战”“碧水保卫战”“净土保卫战”，旨在通过向地方政府释放中央对环境治理重视的信号来扭转地方政府对环境治理的注意力。这些举措虽然实现了短期的环境治理绩效，但其是否具备可持续性仍然有待商榷。大量研究指出，无论是“一票否决制”还是各种“攻坚战”均呈现出了差异化的治理绩效，地方政府依然未能走上一条可持续的发展道路。

以此为背景，中央生态环保督察应运而生。区别于目标责任制、一票否决制强调从行政手段上去约束地方先污染后治理、追求经济增长而忽视环境保护等偏差行为，中央生态环保督察具有独特的政治属性，强调“党政同责”“一岗双责”，旨在通过自上而下的强政治动员来从根源上扭转地方环境治理行为；区别于“蓝天保卫战”“大气污染防治攻坚战”等各种临时性的运动式治理的举措，中央生态环保督察已经成为一项常态化的、制度化的环境监管措施，未来也将会不断持续推进；此外中央生态环保督察下沉一线，也往往会根据群众举报的线索发现问题，实现了自上而下和自下而上的有机结合。因此，中央生态环保督察具有常态化的政治动员特征，通过自上而下的强监督和自下而上的社会参与的有机结合来不断推动地方政府开展环境治理工作。具体而言，中央生态环保督察通过分批次下沉地市，通过多种渠道搜集地方环境治理的相关信息，形成督察报告反馈给地方政府，要求地方政府第一时间进行整改，进而推动环境问题的解决。

由于中央生态环保督察是一种常态化的督察，对各地方政府均产生了很强的环境治理的外部压力，因此各地其实面临着较为一致的外部中央生态环保督察的压力。

2. 棘手问题与地方环境治理

环境问题属于典型的棘手问题，关于棘手问题现有研究往往从问题的复杂性和利益相关者的复杂性两个维度来衡量。具体而言，问题的复杂性是指问题本身是否难以解决，是否存在明确的解决方案；利益相关者的复杂性则是涉及的利益相关者关系是否复杂。当问题很复杂同时利益相关者关系也十分复杂时，则该环境问题属于棘手问题；反之，则属于驯良问题。研究指出，环境问题的棘手程度越高，政府单一部门去解决该问题的治理难度越大，因此，往往需要采取多部门、多主体协作的方式来推动环境问题的解决 (DeFries and Nagendra，2017)。

具体而言，环境问题的复杂性不同相应地导致地方政府解决问题的难易程度不同，现有研究指出针对不同的环境问题，地方政府应运用不同的政策工具（Krause et al.，2019)。问题本身的性质会显著影响地方环境治理行为。大气污染、河流污染等问题往往具有极强的外部性、污染源难以识别、治理技术水平要求较高，因此，政府在治理此类环境问题时往往需要更长的时间区间、更先进的治理技术、更强的政府间以及政府与非政府主体间的协调能力，治理起来难度极大。而固废治理、违建拆除等问题治理范围清晰、污染源明确，相比于大气、河流等污染问题，其治理难度较小。

此外，环境问题所涉及的利益相关者特征会显著影响地方环境治理行为，而当前环境污染问题的核心利益相关者主要为企业，因此，我们着重探讨与环境问题密切相关的企业行为。治理过程的研究不能忽视企业这一主体，现有关于政企关系的研究普遍将其视为一种合作和共生的关系，二者具有共同利益。首先，由于发展型地方政府对经济增长的过度追求，地方政府会与企业产生一种“荣辱与共”的利益关系，从而会产生包庇企业等行为；其次，尽管我国大力倡导简政放权，激发市场活力，但转型中的地方政府仍握有大量的资源以及实际性权力，使得企业不得不依赖于政府[㊀]。当企业污染问题与环保取向的政策目标相背离时，地方政府可以通过罚款、征税等方式来惩罚违规企业，而后又通过减税等方式来弥补企业的损失，从而实现自身利益最大化。此外，也有研究关注了企业自身特质对政策过程的影响，单个企业影响力弱，而规模集中的大企业、产业联盟对政策过程影响更强（孙岩和张备，2022）[㊁]。

总的来说，现有关于政企关系的研究指出，企业作为地方环境治理的核心利益相关者，在一定程度上依附于地方政府，但是企业自身的特质又会对政策过程产生异质性的影响。因此，环境问题本身所涉及企业的复杂性会显著影响地方环境治理行为。

由此提出以下两个假说：

假说 H1a：环境问题越复杂，越难以推动地方环境治理绩效的实现。

假说 H1b：环境问题所涉及的利益相关者越复杂，越难以推动地方环

㊀ 黄冬娅. 企业家如何影响地方政策过程——基于国家中心的案例分析和类型建构［J］. 社会学研究，2013，28(5)：172-196，245.

境治理绩效的实现。

3.1.2 控制逻辑与地方环境治理

地方政府在环境治理中往往会运用不同的治理方式去实现相应的治理绩效，整体而言这些治理方式可以划分为基于行政干预的方式和基于领导重视的方式。这不仅是关于地方环境治理中常规治理和运动式治理关注的核心议题，同样也是传统公共行政研究的经典思路。

1. 行政干预与地方环境治理

常规的科层制依靠规则去约束官员的行为，上级政府可以以政策文件为触媒，借助其本身所具有的政治势能来调动地方政府的积极性，从而推动政策落地。因此，是否出台政策文件是行政干预的一个核心维度。政策特性理论指出，清晰的政策目标和政策工具可以推动政策的有效执行，下级官员依据相关政策文件以及行政法规执行环境治理任务，尽管现实中出现大量利用政策法规漏洞以及信息优势进行的无效治理，但不能否认政策文件对地方政府在环境治理中传达指令、传递信息、沟通上下级所起到的重要作用。

中央生态环保督察制度作为生态环境领域的制度创新，各省市不断分批次接受制度的扩散，这种扩散正是在强大的政治影响下进行的，即强制性同形会诱发各地产生相似的组织行为和结构（Di Maggio and Powell, 1983），正如上文提到的，各地面临相似的外部环境。相应地，各地均出台了解决中央生态环保督察指明的环境问题的相关整改方案，已成为一种标准化的工作流程，如《甘肃省贯彻落实中央生态环境保护督察反馈问题整改方案》《上海市贯彻落实中央生态环境保护督察反馈意见整改方案》《中央生态环境保护督察“回头看”及大气污染防治专项督察反馈意见具体问题整改情况》。

但需要指出的是，尽管出台环境问题的整改方案是一项必要步骤，但受制于督察人员注意力的局限性，并非所有的环境问题都会被督察关注到，而只有被督察指出的环境问题地方政府才会出台明确的整改方案。因此，地方政府在具体的整改过程中，治理重点聚焦于那些在上一轮被督察指出的环境问题上，针对这些问题地方政府均提出了详细的治理方案。而那些未能明确被督察指出的环境问题，则难以被地方政府有效关注，相应地这类环境问题就难以被有效解决。

由此提出以下假说：

假说 H2a：行政干预有利于推动地方环境治理绩效的实现。

2. 领导重视与地方环境治理

当行政干预难以有效解决地方环境治理中的问题时，利用政党独特的动员属性在短时间内扭转地方环境治理注意力，实现环境问题的快速解决，就成为地方政府经常采取的一种治理手段。其中，党政领导重视是运动式治理最为典型的一种方式，作为运动式治理的典型特征，其往往通过高层领导重视来对地方环境治理行为进行纠偏。

领导者的注意或关注程度是影响政府治理的重要因素，组织的决策过程受到注意力分配的显著影响，自西蒙提出有限理性的概念，将注意力分配的研究引入组织学领域，注意力逐渐成为一种稀缺资源，得到了学者的大量关注。并且有研究认为，注意力的分配已经超越了技术层面的考量，是在组织、制度、社会等环境影响下的产物（练宏，2015）。处于外部压力下的地方政府始终面临资源短缺以及有限理性的约束，地方政府的注意力是稀缺的。而社会内生治理的欠缺又往往使复杂社会问题的解决依赖于政府内部控制以及动员，因此政府如何分配各个议题的优先性成为限制条件下地方政府注意力分配关注的重点，分配给某一问题过多的关注可能会占用本该用在其他领域的资源。领导高度重视是我国科层制治理框架建构中的客观存在，因此从领导以及主政官员层面探寻政府注意力分配是主要的研究取向，进而研究关注了政府高层注意力的变迁、不同政策上的注意力分配以及府际结构下不同层级政府注意力的异质性[㊀]。此外，领导者注意力分配在一定程度上可以替代资金的影响，从而产生“有条件要上，没有条件创造条件也要上”的行为（Fan et al.，2020）。因此，领导者的注意力分配可以很好地解释地方环境治理的差异性。

综上，对于地方政府来说，领导者将其稀缺的注意力分配给某一议题，会极大程度地调动下级政府的注意力，从而推动该问题的解决。而对于那些难以得到领导重视的问题，则往往在地方政府的治理任务排序中处于边缘地位，将难以被政府有效解决。

由此提出以下假说：

假说 H2b：领导重视有利于推动地方环境治理绩效的实现。

3.1.3 协作逻辑与地方环境治理

基于 Emerson et al.（2012）的定义，协作治理是公共政策决策和管理的过程和结构，使不同主体可以跨越公共机构、各级政府、公共、私人和公民领域的界限而建设性地参与其中，以实现难以通过其他方式实现的公共目标。因此，协作治理主体涵盖了国家、私营部门、公民、社区等，相关研究也指出可持续性的结果的实现受到公共部门、私人部门、公民等的复杂影响。因此，协作治理的理想状态往往是涉及这一议题的

㊀ 孙柏瑛，周保民．政府注意力分配研究述评：理论溯源、现状及展望［J］．公共管理与政策评论，2022，11（5）：156-168.

所有利益相关者共同参与进来。下文将分别从政府内部各部门协作、政府与社会资本协作以及政府与公民协作来分析协作逻辑对地方政府环境治理的影响。

1. 政府内部部门协作与地方环境治理

环境治理的复杂性使其有效治理依赖于各部门之间的协调与联动，因此横向部门之间张力也应纳入到分析视野之中，以考察各部门之间的利益博弈何以影响政府的治理行为。过去在地方环境治理中，相比于横向的经济部门，环保部门处于相对弱势的地位。同时，环保部门的职能也散布在政府各个部门之中，呈现一种碎片化结构，与环境治理密切相关的不同部门之间往往缺乏联动性，导致以下两种现象的发生：①部门间信息传递闭塞、共享性差，进而在遇到环境问题时往往相互推诿责任，产生“九龙治水”的困境。同时，信息不对称带来环境治理的相关信息分散在政府的各个部门之中，牵头的环境治理部门难以从其他部门获得有效的信息，造成治理资源严重浪费，治理进程严重滞后。②随着党政领导的关注带来各种临时性的领导小组，这些小组往往聚焦于某一个、临时性需要解决的环境问题。学者提出这种临时性的组织容易形成一种“救火式”的组织文化，形成了治理的“棘轮效应”（原超和李妮，2017）。因此，亟须成立常态化的政府内部协作小组以打破这种碎片化的治理困境。

成立常态化的协作小组，本质上就是对地方政府环境治理的职责进行重构，让与环境问题密切相关的各部门通力配合，并由相关党政领导担任一把手，来统一协调部门间在协作过程中可能出现的问题。大量研究探究了政府内部各部门以及政府跨区域之间的协作问题，初步检验了这种政府内部的协作对于提升政府环境治理绩效的意义。

由此提出以下假说：

假说 H3a：政府内部部门协作有利于推动地方环境治理绩效的实现。

2. 政企协作与地方环境治理

随着环境问题日益复杂，环境治理越来越多地依赖于政府内外多主体相互协作，已经突破了传统官僚制的局限，开始走向网络视角。环境问题属于典型的棘手问题，呈现出明显的技术复杂性的特征，需要不同知识、技术、管理等的有效结合，仅靠政府单一主体是无法解决的。政府需要借助私营部门的力量去进行技术创新、提升资金利用效率、发挥专业管理能力，从而推动可持续发展。政府通过购买服务的方式来提供公共服务正在成为一种全新模式，基于需求侧的创新是实现公共服务创新绩效的重要方式，公共部门与私营部门进行互动从而产生创新绩效主要通过两种逻辑，一种是传统的采购逻辑，一种是协作逻辑（Callens et al.，2022）。传统的采购逻辑基于 NPM（新公共管理）的成本收益视角，着重于提升政府公共服务的内部管理能力；而协作逻辑则更加关注政府与企业进行良性的互动，从网络视角去提供公共服务，在合同激励的基础上重点关注培养主体之间的关系，更加适合解决复杂的、多边的、棘手的治理问题（Casady et al.，2020）。

环境问题的复杂性、跨域性和专业性使得政府与社会资本合作的作用凸显，并且官方文件多次强调采用 PPP 模式去推动环境问题的解决。PPP 模式是政府和私营部门之间的长期的合同关系，实现基础设施建设和公共服务供给之间的协作，近年来得到学者的大量关注（Osei-kyei and Chan，2015）。2013 年党的十八届三中全会指出，探索吸引社会资本参与环境治理的市场化机制，推行第三方治理。2015 年《国务院办公厅关于推行环境污染第三方治理的意见》发布，在全国推行环境污染第三方治理的试点。2020 年中共中央办公厅、国务院办公厅印发《关于构建现代环境治理体系的指导意见》，也指出要积极推行环境污染第三方治理。2023 年国家发展改革委、财政部制定了《关于规范实施政府和社会资本合作新机制的指导意见》，在包括城镇污水、垃圾收集处理及资源化利用等生态保护和环境治理项目在内的重点领域，最大限度地鼓励民营企业参与。通过 PPP 模式，政府与社会资本合作为地方环境治理提供资金、技术等，有效弥补了财政资金、人员以及专业技术的不足。大量研究也指出在环境治理领域调动社会资本积极性的作用，如 Tang et al.,（2021）的研究证实了 PPP 模式提升了污水处理设施的环境治理绩效。

由此提出以下假说：

假说 H3b：政企协作有利于推动地方环境治理绩效的实现。

3. 政府与公民协作与地方环境治理

对于解决长期以来过度关注 GDP 而忽视环境保护、过分关注短期绩效而忽视治理的可持续性的问题，周黎安（2007）指出改变考核指标只是局部的手段，更为长远的改革则是从公众层面出发去考核政府、监督政府。中央生态环保督察制度的不断变革也体现了这一点，相比于“节能减排”“大气十条”“煤改气”等运动式治理政策，中央生态环保督察最大的特点在于通过自上而下与自下而上相结合的监督方式，及时打破信息不对称，对下级行为进行纠偏，从而实现上级政府的政策目标。自督察进驻之日起，就向社会公布举报电话及邮箱，同时针对公民举报的问题，一条一项何时解决、解决与否都形成了一套制度化的工作流程。因此，社会公众维度的引入是此次中央生态环保督察相对于其他制度在监督领域的一大特色。

在我国的环境治理历程中，公众参与始终呈现一种被动式的状态。首先，这种被动是由于长期以来我国政府倾向于在环境治理领域采用强控制的方式，侧重于直接对污染企业进行干预——罚款、直接关停或者限制生产，对于公众层面参与环境治理的引导措施缺乏重视。在环境治理中，政府运用大量的规制、激励和信息导向的政策工具，这些工具具有明显的实质性政策工具的特征，直接用来规范政策客体的行为。由于缺乏对环境治理中程序性的、过程性的行为的重视，程序性政策工具的运用长期以来被忽视，进而也造成了公众难以被有效地引导并参与到地方环境治理中。其次，只有当环境问题涉及公众的切身利益时，公众才会主动参与到环境治理中。最典型的就是各种邻避运动，大量的污水处理厂、垃圾焚烧项目、PX 项目由于前期缺乏与当地公众的有效协商，导致项目在落地过程中遭到了公众的严重抵制，政府被迫开展与公众的沟通协商工作或者重新选址项目。最后，尽管近年来中央政府不断强化在环境治理中的公众参与，但受制于公民参与渠道有限、公众环境意识薄弱、公众参与能力不足，导致公众的环境保护参与状况依旧不理想。

但是，公众参与对于环境治理的重要性不言而喻，公民“用脚投票”能够通过自下而上的方式影响地方环境治理行为（郑思齐等，2013）。同时，公民参与能够极大程度地降低政府的环境治理成本。一方面，公民参与能够帮助地方政府发现治理过程中出现的各种问题进而及时进行纠偏，如在南明河治理中贵阳市政府开发了“百姓拍”APP，公众可以随时随地将身边发现的城市管理问题通过手机端上报给政府部门，这大大降低了政府发现问题的成本，提升了环境治理的效率；另一方面，公众的主动配合也可以大大减少环境治理中的不遵从行为。如在洱海治理中，为了保护洱海的生态红线而被迫需要搬迁沿线居民，其中的拆迁工作是一个费时费力且耗资巨大的工作，但在政府与公民的通力协作下，当地居民主动配合政府部门的拆迁工作，从而大大便利了洱海相关治理工作的开展。

由此提出以下假说：

假说 H3c：政府与公众协作有利于推动地方环境治理绩效的实现。

3.1.4 地方环境治理影响因素的分析模型

基于前文对中央生态环保督察下地方环境治理影响因素的理论分析，本章构建了外部情境、控制逻辑和协作逻辑的中央生态环保督察下地方环境治理影响因素的分析模型。其中，外部情境维度包含“问题复杂性”和“利益相关者复杂性”，控制逻辑维度包含“行政干预”和“领导重视”，协作逻辑维度包含“政府内部部门协作”“政企协作”和“政府与公民协作”。

由此形成了中央生态环保督察下地方环境治理影响因素的分析模型，如图 3-1 所示。

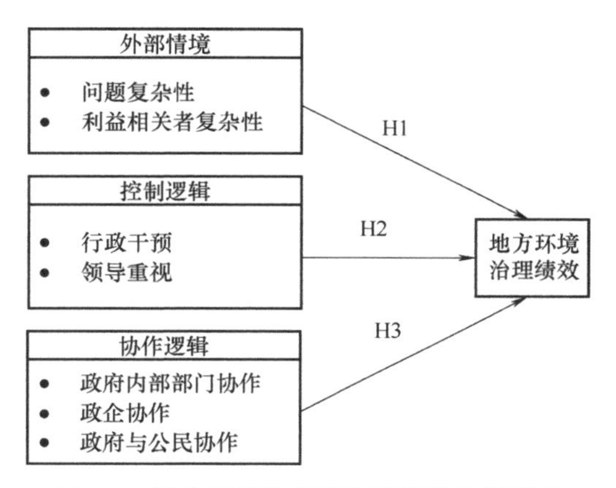

图 3-1 地方环境治理影响因素的分析模型

3.2 地方环境治理影响因素的回归分析

通过收集中央生态环保督察公布的典型案例，形成了一个 60 余万字、涵盖数百个案例的地方环境治理案例库。考虑到督察制度的不断完善、资料的丰富程度以及地方环境治理的持续性，最终选择了第二轮中央生态环保督察的典型案例作为分析样本，通过内容分析编码、构造回归模型来开展实证分析。

3.2.1 地方环境治理案例库构建

中央生态环保督察于 2016 年开始，先后经历了第一轮环保督察、“回头看”，第二轮环保督察，2023 年 11 月开启了第三轮全国范围的督察，取得了显著的环境治理绩效，但与此同时也暴露出了地方政府大量的环境治理问题。值得一提的是，《中共中央关于党的百年奋斗重大成就和历史经验的决议》（2021）中明确指出，开展中央生态环境保护督察，坚决查处一批破坏生态环境的重大典型案件、解决一批人民群众反映强烈的突出环境问题。为了更好地宣传地方政府优秀的环境治理经验，同时警示地方政府的环境治理不作为、乱作为行为，曝光典型案例已经逐渐成为中央生态环保督察的工作常态。2022 年 7 月，国务院新闻办公室举行新闻发布会，介绍中央生态环境保护督察进展成效。会上，生态环境部副部长翟青同志明确指出，生态环境部在选择公开环保督察典型案例时，主要参考如下三个标准：①污染十分严重，并且人民群众反映非常强烈的环境问题；②涉及生态破坏的、严重影响可持续发展的环境问题；③官僚主义、形式主义以及弄虚作假的环境问题。当然，并非只有负面典型案例会被曝光，一些做得好的、实现生态环境高质量发展的也会通过正面案例的方式进行宣传，从而更好地发挥引领和带动作用。具体来说负面典型案例主要包括对治理的基本情况、主要问题和原因分析进行描述，正面案例则是对地方环境治理中的典型做法进行总结。

整体而言，中央生态环保督察公布的一大批典型案例，非常生动地刻画了在中央生态环保督察影响下地方环境治理的微观细节，也是本书独特的数据来源。本书将中央生态环保督察在第二轮期间公布的典型案例进行了整理，共包括 113 个负面典型案例和 32 个正面典型案例，涵盖了不同省份、不同层级、不同部门。此外，2021 年 3 月生态环境部出版了《督察整改看成效典型案例汇编》，里面包含了 63 个典型案例（32 个正面典型案例也涵盖其中）。典型案例示例如表 3-1 所示。

表 3-1　中央生态环保督察公布的典型案例示例

正面典型案例名称	负面典型案例名称
退绿于民还绿于民——湖北省宜昌市长江岸线码头拆除整治典型案例	吉林松原扶余市黑土地保护措施落实不到位　部分黑土地遭到破坏
为百姓幸福加码——河南省郑州市贾鲁河综合治理典型案例	贵州省黔南州罗甸县水产种质资源保护区违法问题突出　生态破坏严重
由“黑”到“清”的嬗变之路——山东省济南市小清河治理典型案例	陕西榆林兰炭行业淘汰落后不力　违规建设多发　环境问题突出
为了一江清水向东流——江西省九江市打造长江“最美岸线”的绿色蝶变	山东省一些地市部分湿地公园管理混乱违规问题突出
……	……

本章对这 176 个案例进行了如下处理：①剔除了不是针对地方政府环境治理的典型案例。第二轮环保督察增加了对部分央企和国家部委的督察，如在第二轮第一批对中国五矿集团、中国化工集团的督察，第二轮第二批对中国铝业集团、中国建材集团、国家能源局、国家林业和草

原局的督察，第二轮第四批对中国有色矿业集团、中国黄金集团的督察。本章将这些案例进行剔除。②部分典型案例涉及多个地方政府，本章将其进一步分解。如“腾笼换鸟求转型、凤凰涅槃促提升——浙江省有序推进特色行业整治和转型升级”这个典型案例中，共涉及了杭州、宁波、台州、绍兴、湖州五个地方政府，因此，将这一个典型案例分解为 5 个，进而纳入数据库中。同时，对于缺少明确指明某一地方政府的案例进行剔除。

基于以上处理，本章共构建了中央生态环保督察下地方环境治理典型案例共 178 个，其中 108 个负面典型案例，70 个正面典型案例。基于对中央生态环保督察公布的典型案例的文本分析，将典型案例所涉及的环境问题进行了归纳和整理。表 3-2 展示了案例库中地方政府所涉及的环境问题类型。总体而言，案例库中所涉及的环境问题共包括：产业转型、土地治理、森林治理、矿山治理、自然保护区治理、固废治理、大气治理、水环境治理、码头治理、违建治理。其中水环境治理、产业转型这两个占比最高，分别达到了 34.27%、25.84%，这也与典型案例的选择标准较为一致，因为这些环境问题往往更容易被群众察觉，并且对生态环境破坏较为严重。

表 3-2　案例库中的环境问题分类

问题类型	数量	百分比	问题类型	数量	百分比
水环境治理	61	34.27%	大气治理	11	6.18%
产业转型	46	25.84%	森林治理	5	2.81%
固废治理	21	11.80%	违建治理	3	1.69%
矿山治理	17	9.55%	码头治理	2	1.12%
自然保护区治理	11	6.18%	土地治理	1	0.56%

3.2.2 研究方法与数据来源

基于本书构建的中央生态环保督察下地方环境治理的典型案例库，结合上文提出的“外部情境——控制逻辑——协作逻辑”的分析框架，对这些资料进行内容分析，进而形成实证研究的数据库。

1. 内容分析与案例资料编码

通过文本检索的方式进一步搜集案例所涉及的相关资料，数据来源为环保督察官方网站、地方政府网站、地方主流媒体报道，为了保证数据的可靠性和完整性，本章对所有内容进行了交叉检验。

基于“外部情境——控制逻辑——协作逻辑”的分析框架，采用内容分析法对所搜集的资料进行编码。首先对中央生态环保督察公布的案例资料进行初步编码，形成最初的编码表，在此基础上通过进一步阅读政策文件以及新闻报道不断丰富和扩充这一编码表，最终形成完整的编码体系。编码的过程由本书作者进行不断讨论，同时参考一些环境治理、公共治理等领域专家的意见，直至达到一致性。在这个过程中，确保每一条信息都能得到多方资料的验证以保证编码内容的准确性。编码表如表3-3所示：

表 3-3　编码表示例（以南明河治理案例的内容分析为例）

	类目	子类目	分析单位	编码
外部情境	棘手问题	问题复杂性	贵阳地处喀斯特发育地区，同时面临资源性和工程性缺水	高问题复杂性
		利益相关者复杂性	流经全市人口最为密集、商业最为活跃、生产生活最为集中的区域	高利益相关者复杂性

（续）

	类目	子类目	分析单位	编码
控制逻辑	行政干预	发布政策文件	贵阳市生活污水、工业废水直排造成南明河等河流水质受到严重污染（未达序时进度，加快推进整改）	高行政干预
	领导重视	领导重视	贵州省委书记、省人大常委会主任到贵阳市南明河开展“保护母亲河·河长大巡河”活动	高领导重视
协作逻辑	政府内部部门协作	成立协作小组	成立了南明河除臭变清攻坚工作领导小组	存在部门协作
	政企协作	PPP 模式	贵阳市政府与中信水务公司签订了 PPP 模式合作协议	存在 PPP 模式
	政府与公民协作	公众关注	群众通过 12369 热线、“百姓拍”APP 等多种渠道反映环保“痛点”	公民参与状况

2. 变量测量

（1）被解释变量。本研究的结果变量为地方环境治理绩效。对于环境治理绩效的衡量，现有研究指出了大量衡量可持续性环境治理绩效的标准，但其对于具体制度情境的适用性需要进行检验。此外，本章涉及的治理案例针对不同的环境问题、不同的治理层级，运用这些指标也难以进行很好的评价。本文选择以官方公布的典型负面和优秀案例作为结果变量衡量环境治理绩效（孙岩和张备，2022），原因在于，每一案例都是中央生态环保督察亲自下沉一线发现的，是环保督察精心挑选的案例。其中优秀的案例作为示范以供别的地区学习和借鉴，能够代表近年来中国地方环境治理的最佳实践，而失败的案例则是对各地政府的警示，也能够表明该地方环境治理绩效不佳。因此，当地方环境治理案例被中央生态环保督察视为正面典型案例时，则认为其实现了环境治理高绩效，赋值为 1；而当地方环境治理案例被中央生态环保督察视为负面典型案例时，则认为其实现了环境治理低绩效，赋值为0。

（2）解释变量。外部情境维度。首先是环境问题复杂性，中央生态环保督察公布的典型案例共涉及产业转型、土地治理、森林治理、矿山治理、自然保护区治理、固废治理、大气治理、水环境治理、码头治理、违建治理十类环境问题，其中产业转型、大气治理、水环境治理、森林治理、自然保护区治理五类环境问题往往治理技术复杂、波及范围较大、污染源难以清晰识别，并且公众对这些问题的感知程度往往较强，因此将这五类环境问题赋值为0，其余环境问题赋值为1。其次是利益相关者复杂性，当环境问题所面临的利益相关者复杂时，政府往往难以有效解决此类环境问题，因为政府需要付出大量的协调成本，与此同时，也很难出台让不同利益相关者都满意的解决方案。由于环境问题所涉及的主要利益群体为企业，因此将那些针对明确污染企业的环境问题赋值为1，否则赋值为0。

控制逻辑维度。首先是行政干预，采用中央生态环保督察在第一轮和“回头看”是否明确指出该问题并出台相关的治理方案来衡量。由于中央生态环保督察的制度要求，对于环保督察指出的环境问题，地方政府必须出台相应整改方案，地方政府在治理该环境问题时就具有了明确的政策方案指导、严格的治理时间期限以及明确的责任人，若符合此标准则将其赋值为1，否则赋值为0。其次是领导重视。考虑到运动式治理的起点在于通过独特的政党系统以及核心领导重视来推动问题的解决，借鉴相关研究选择了地方党政领导是否批示、亲赴一线来衡量领导重视程度（周雪光，2012）。同时，大量基于注意力分配的研究证实并非所有的环境问题都能够得到地方政府的重视，进一步支持了这一变量。因此，当环境问题得到市级领导（市长和市委书记）重视则赋值为 1，否则赋值为 0。

协作逻辑维度。从参与协作治理的主体出发，将协作区分为政府内部部门协作、政企协作以及政府与公民协作。关于政府内部部门协作，学者们往往采用政府之间签署协作文件、成立协作小组、举办联席会议等来表示。依据现有研究，以政府内部是否形成制度化的协作小组来衡量政府内部部门的协作（Zhou and Dai，2023）。当政府内部存在针对该问题的联席会议以及工作小组时则赋值为 1，否则赋值为 0。对于政府与企业的协作，学者们将 PPP 模式视为协作治理的一种重要形式，作为合同导向的长期伙伴关系，突出强调网络和协作在其中的重要作用。同时考虑到中国作为发展中国家，近年来中国政府大量推动 PPP 项目的运用以缓解地方财政压力，官方文件也多次强调大力推动 PPP 模式在生态环境中的运用，因此 PPP 可以作为一个政企协作的优质变量。当政府在解决该环境问题的过程中发起了 PPP 项目时则赋值为 1，否则赋值为 0。对于政府与公民的协作，借鉴现有研究，采用居民对中央生态环保督察的百度搜索指数的日均值来衡量。具体而言，由于这些典型案例是在第二轮督察被相继指出的，因此，本研究限制了居民搜索的时间区间为环保督察第一轮开始到第一轮“回头看”结束，同时限制了居民搜索的具体区域，这更能明确体现中央生态环保督察期间当地居民的重视程度，以此形成了当地居民对中央生态环保督察搜索的日均值。

在控制变量的选取上，主要控制了问题的责任归属，当问题所涉及的地方政府层级越高，地方政府更加具备相应的治理资源去推动该问题的解决。对于问题所涉及的责任主体的确定，以中央生态环保督察在典型案例的描述中将责任归属给哪一层级的政府来确定。综上所述，中央生态环保督察下地方环境治理影响因素的指标体系如表 3-4 所示。

表 3-4　地方环境治理影响因素的指标体系

	变量	测量	数据来源
被解释变量	环境治理绩效	正面典型案例赋值为 1，负面典型案例赋值为 0	生态环境部官方网站、《督察整改看成效典型案例汇编》
解释变量	环境问题复杂性	土地治理、矿山治理、固废治理、码头治理、违建治理赋值为 1，产业转型、大气治理、水环境治理、森林治理、自然保护区治理赋值为 0	生态环境部公布的典型案例、《督察整改看成效典型案例汇编》
	利益相关者复杂性	针对具体企业赋值为 1，否则赋值为 0	生态环境部公布的典型案例、《督察整改看成效典型案例汇编》
	行政干预	省级政府出台的环保督察整改文件是否明确指出该问题的整改方案，是则赋值为 1，否则赋值为 0	环保督察整改文件
	领导重视	存在市委书记、市长重视赋值为 1，否则赋值为 0	地方媒体报道和政府官网
	政府内部部门协作	存在政府内部发起的针对具体环境问题的联席会议和工作小组赋值为 1，否则赋值为 0	地方媒体报道和政策文件
	政企协作	发起针对解决该问题的 PPP 项目赋值为 1，否则赋值为 0	财政部 PPP 数据库
	政府与公民协作	百度搜索指数	百度指数
控制变量	问题的责任归属	省会城市政府赋值为 2，市级政府赋值为 1，县级政府赋值为 0	生态环境部公布的典型案例、《督察整改看成效典型案例汇编》

3.2.3　统计分析结果

本部分通过描述性分析和回归分析检验研究假说，得出显著提升环境治理绩效的关键影响因素。

1. 描述性分析

相关变量的描述性统计如表 3-5 所示。可以发现在中央生态环保督察第二轮公布的典型案例中，所涉及的环境问题较为复杂，有 24.7% 的环境问题属于较为单一的环境问题，而 25.8% 的环境问题属于利益相关者较为单一的环境问题。行政干预的程度相较于领导重视的程度较低，这也反映出当前我国地方环境治理具有明显的“运动式”倾向。有 78.1% 的地方政府在治理环境问题时成立了针对该问题的环境治理协作小组，这意味着在现实中政府已经开始大量运用协作治理的方式来破解政府内部“九龙治水”的困境。但政府与社会资本的协作以及政府与公民的协作水平较低，这意味着地方政府与非政府主体的协作尚处于起步阶段，但地方政府已经开始践行中央政府提出的构建“多元共治”的现代环境治理体系。

表 3-5　描述性统计

变量	样本量	均值	标准差	最小值	最大值
问题复杂性	178	0.247	0.433	0	1
利益相关者复杂性	178	0.258	0.439	0	1
行政干预	178	0.562	0.498	0	1
领导重视	178	0.680	0.468	0	1
政府内部部门协作	178	0.781	0.415	0	1
政企协作	178	0.270	0.445	0	1
政府与公民协作	178	8.388	12.94	0	58
问题的责任归属	178	0.888	0.571	0	2

2. 统计分析与假说检验

基于本章构建的数据库，对地方环境治理影响因素构建计量模型。由于结果变量为二分变量，因此采取了 Probit 回归。

运用 Stata15.0 软件开展回归分析，考察“外部情境——控制逻辑——协作逻辑”对地方环境治理绩效的影响。如表 3-6 所示，模型 1 到模型 3 分别单独检验了“外部情境”“控制逻辑”和“协作逻辑”对地方环境治理绩效的影响，模型4为加入所有变量的回归分析结果，以模型4的结果进行分析。

实证分析结果表明，在外部情境维度，问题复杂性与地方环境治理绩效显著负相关，这表明针对复杂性较低的环境问题，地方环境治理绩效反而不好，这与研究假说H1a相违背，可能的原因在于复杂性较低的环境问题往往容易被地方政府所忽视进而导致环境治理绩效不佳；而利益相关者复杂性对地方环境治理绩效的影响并不显著，这表明利益相关者复杂与否并不会影响地方环境治理绩效，因此地方政府不应该将环境治理失败的原因简单归结为处理利益相关者之间的关系难度较大，而应该克服在环境治理中的畏难情绪。

在控制逻辑维度，行政干预具有正向影响但并不显著，而领导重视则具有显著的正向影响，这意味着常规的、依据科层结构推动环境问题解决的传统环境治理模式显然难以有效解决地方环境治理问题，政府应该强化对领导重视的运用。通过高层领导关注，扭转地方政府的注意力，克服环境治理的惰性，使其将治理资源和政策工具运用到环境治理中，进而实现环境治理绩效。这一发现也验证了运动式治理成为当前我国环境治理的主要模式的合理性。

在协作逻辑维度，政府内部部门协作显著提升了地方环境治理绩效，这意味着政府内部跨部门协作可以有效破解政府内部各部门环境治理的“碎片化”困境，打破“九龙治水”的僵局。政府与企业的协作对于提升环境治理绩效而言具有显著的正向影响，环境问题属于典型的棘手问题，呈现出明显的技术复杂性的特征，需要知识、技术、管理等的有效结合，这就暴露出了单一政府部门治理存在的弊端，政府需要借助私营部门的力量去进行技术创新、推动可持续发展，因此PPP模式的运用显著提升了地方环境治理绩效。政府与公民的协作也显著提升了地方环境治理绩效，这表明引入公众的力量能够降低地方政府发现并解决环境问题的成本，公民端的主动参与已经成为实现地方环境治理绩效不可或缺的一环。

综上，假说 H2b、H3a、H3b、H3c 得到验证。

表 3-6　回归分析结果

	模型 1	模型 2	模型 3	模型 4
问题复杂性	−0.834*** （−3.03）			−0.698* （−1.94）
利益相关者复杂性	−0.063 （−0.25）			0.368 （1.03）
行政干预		0.372 （1.51）		0.164 （0.56）
领导重视		1.985*** （4.74）		2.025*** （3.77）
政府内部部门协作			1.619*** （3.48）	1.211** （2.25）
政企协作			1.123*** （4.44）	0.971*** （3.41）
政府与公民协作			0.031*** （3.40）	0.042*** （3.33）
问题的责任归属	0.682*** （3.57）	0.413** （1.99）	0.251 （1.17）	0.054 （0.23）
常数项	−0.702*** （−3.18）	−2.479*** （−5.86）	−2.504*** （−5.26）	−3.737*** （−5.04）
N	178	178	178	178
伪 R^2	0.122	0.295	0.310	0.460

注：*、** 和 *** 分别表示在 10%、5% 和 1% 的水平上显著，括号内为 *Z* 值。

3. 稳健性检验

为了提升结论的稳健性，运用 Logit 模型进行分析，如表 3-7 所示。

整体而言分析结果与前文一致，表明实证分析结果是稳健的。

表 3-7　稳健性检验

	模型 1	模型 2	模型 3	模型 4
问题复杂性	−1.412*** (−2.90)			−1.085* (−1.73)
利益相关者复杂性	−0.146 (−0.34)			0.420 (0.68)
行政干预		0.654 (1.60)		0.266 (0.52)
领导重视		3.881*** (3.74)		4.121*** (3.10)
政府内部部门协作			3.476*** (3.01)	2.185* (1.93)
政企协作			1.858*** (4.32)	1.678*** (3.37)
政府与公民协作			0.058*** (3.30)	0.083*** (3.21)
问题的责任归属	1.131*** (3.46)	0.754** (2.13)	0.498 (1.31)	0.166 (0.39)
常数项	−1.155*** (−3.11)	−4.800*** (−4.51)	−5.052*** (−4.16)	−7.260*** (−4.37)
N	178	178	178	178
伪 R^2	0.123	0.300	0.318	0.467

注：*、** 和 *** 分别表示在 10%、5% 和 1% 的水平上显著，括号内为 Z 值。

3.2.4　研究结论与讨论

1. 研究结论

第一，研究发现了领导重视显著提升了地方环境治理绩效，而行政干预则对地方环境治理绩效不具有显著的提升作用，中国的地方环境治理依然具有“运动式治理”的特征。但这一特征与以往关于运动式环境治理的研究结论存在明显差异，以往研究将运动式治理视为一种不可持续的、临时的特征，而本研究则发现以党委领导高度重视为核心的运动式治理反而显著提升了地方环境治理绩效。这并不意味着以往研究发现是错误的，而是需要将运动式治理视为地方政府治理环境问题的一个工具。倘若地方政府将运动式治理视为一种应付督察的工具，那必然会暴露出运动式治理的弊端。但倘若地方政府将运动式治理作为引导政府部门关注环境问题、扭转注意力的工具，那运动式治理就能够真正激发各主体参与环境治理的动力，从而实现优秀的环境治理绩效。

第二，地方政府在环境治理中要强化对协作的重视，三种不同类型的协作均显著提升了地方环境治理绩效。这意味着协作治理正在成为地方环境治理中极其重要的一环，具体来说，地方政府要积极搭建政府内部各个部门之间的桥梁，破解“九龙治水”的环境治理碎片化困境。同时，积极激发社会资本参与环境治理的活力，克服政府单一部门在治理环境问题中所面临的技术、资金、能力不足等方面的困境；引入公众的力量参与到环境治理中，积极为公众参与提供制度化的渠道。整体来看，地方政府要实现环境治理高绩效，控制逻辑和协作逻辑均应该发挥相应的作用，基于《关于构建现代环境治理体系的指导意见》（2020）的要求，地方政府要构建多元共治的现代环境治理体系，本章的研究发现进一步验证了这一政策要求的必要性。

第三，利益相关者复杂性并不构成影响地方环境治理的关键因素。本章的研究发现利益相关者的复杂性并没有显著影响地方环境治理绩效的实现。这意味着地方政府不应该由于环境治理中的利益关系复杂而产生治理的畏难情绪，这不能成为影响地方环境治理的关键。这一发现是具有警示意义的，以往研究往往指出地方政府需要解决环境问题的利益相关者越复杂，地方政府治理起来难度也越大，而这也往往成为大量地方政府不去治理环境问题的借口。本章的研究表明，利益相关者复杂性本身并不是地方环境治理的决定性因素，地方政府应该强化对治理过程的重视来化解不同利益相关者之间的冲突，进而实现环境治理绩效。

2. 讨论

整体而言，对于中央生态环保督察下的地方环境治理来说，情境、控制和协作均发挥了一定作用，双重制度逻辑有助于提升地方环境治理绩效。但进一步分析可以发现，在控制逻辑维度下，只有领导重视发挥了显著的正向影响，而在协作维度下，政府内部部门协作、政企协作以及政府与公民协作均显著提升了地方环境治理绩效。这表明，对于中央生态环保督察下的地方环境治理而言，协作逻辑对地方政府的影响开始大于控制逻辑。这在一定程度上突破了现有环境治理领域关于运动式治理的相关研究观点。现有研究认为，运动式治理影响下的地方政府为了尽快完成治理任务，倾向于采取强控制的方式，往往忽视非政府主体的参与，因为这种参与是费时费力的，并且需要付出高昂的协调成本，与运动式治理所追求的“短平快”治理相矛盾。但本研究发现，在中央生态环保督察下，地方政府开始通过协作治理推进环境治理工作，并且显著提升了地方环境治理绩效。这就意味着，运动式治理下的地方政府也可以运用协作逻辑，因此运动式治理对地方政府的影响其实是一把“双刃剑”，关键在于地方政府能否有效利用运动式治理资源动员、凝聚政府注意力的优势，而规避其“一刀切”的劣势。通过发挥运动式治理的优势，可以帮助地方政府降低协作成本、凝聚各方环境治理注意力、提供必要的协作资源，进而实现环境治理中的多元共治。

此外，通过对协作逻辑进一步剖析发现，政府内部部门协作的影响在一定程度上强于政企协作以及政府与公民协作，这表明在中央生态环保督察下地方政府在遵循协作逻辑治理环境问题时，政府内部部门协作依旧是地方政府进行环境治理的最重要的工具。原因在于，中央生态环保督察是通过“党政同责”“一岗双责”等方式来督促地方政府开展生态环境保护的，其最直接的作用对象往往是地方政府内部各个部门。政府内部各个部门受到党委和政府的直接领导，随着这种自上而下的强干预传递到地方政府层面，有利于帮助地方政府快速打破“九龙治水”的部门分割困境，部门之间会通过成立领导小组、联席会议等方式来推进各部门的协作，从而推动地方环境治理绩效的实现。相比较而言，这种中央生态环保督察所带来的自上而下强干预并不直接作用于政府与非政府主体的协作，因此其对环境治理绩效提升的影响就稍弱于政府内部部门协作。

协作逻辑显著提升地方环境治理绩效也进一步表明中央生态环保督察制度朝着常规化、制度化变革的正确性。中央生态环保督察实施初期具有一种临时性、非常规化特征，导致地方政府在实际应对督察或者解决督察指出的问题时，往往采取了大量“一刀切”的治理模式，通过损害环境治理中非政府主体的利益来应付督察考核。然而，随着中央生态环保督察制度的不断完善和纵深发展，环保督察已经成为一种常规化、制度化的环境治理制度措施，明确禁止以往地方政府不分青红皂白采取紧急停工、停业、停产等简单粗暴行为，以及各种敷衍应对做法，一旦发现进行严肃查处。因此，地方政府开始积极与社会资本、公民协作，进而形成环境治理的多元共治格局。因此，可以预见随着中央生态环保督察持续向纵深推进，地方政府的协作逻辑将会发挥更加显著的作用。

本章小结

本章主要分析中央生态环保督察下地方环境治理绩效实现的多重影响因素，构建了“外部情境——控制逻辑——协作逻辑”的地方环境治理影响因素的分析模型，分析棘手问题、行政干预、领导重视、政府内部部门协作、政府与企业协作、政府与公民协作对地方环境治理绩效的影响。

第一，本章基于文献梳理和理论分析，对“外部情境——控制逻辑——协作逻辑”三个维度的变量如何影响地方环境治理绩效的实现提出了若干假说。

第二，本章详细介绍了第二轮中央生态环保督察公布的典型负面和优秀的整改案例，共选取了178个典型案例形成了本研究的案例库，进而基于对案例资料的内容分析，结合“外部情境——控制逻辑——协作逻辑”的地方环境治理影响因素的分析框架，对这些资料进行内容分析，完成编码工作，形成了实证研究的数据库。

第三，本章基于中央生态环保督察下地方环境治理典型案例的数据库，运用Probit回归验证了各种影响因素对环境治理绩效实现的影响。实证结果发现：利益相关者复杂性、行政干预未能显著影响地方环境治理绩效的实现，而问题复杂性、领导重视、政府内部部门协作、政企协作、政府与公民协作均对地方环境治理绩效实现具有显著影响。未来地方政府在环境治理中要强化领导动员、克服部门的碎片化困境、开展PPP模式以及鼓励公众参与环境治理。

第4章

中央生态环保督察下地方环境治理的模式研究

4

通过上一章对影响因素的分析，我们发现了显著提升地方环境治理绩效的关键影响因素。而回归分析旨在揭示影响因素与地方政府环境治理绩效之间的净效应，但是现实中地方政府在环境治理中往往同时受到多个因素的共同影响，在治理过程中同时运用多种不同的治理工具，回归分析无法揭示各种影响因素复杂的交互作用及其对地方环境治理行为的影响。这些影响因素通过复杂的交互作用形塑地方环境治理行为，从而形成了不同的环境治理模式。为了更好地探究中央生态环保督察下地方环境治理的有效模式，本章首先对地方环境治理模式的概念进行界定，明晰环境治理模式受到控制逻辑和协作逻辑的交互影响，基于悖论的视角重新审视了地方环境治理中控制和协作的关系，进而从控制和协作的强弱区分了地方环境治理的四种模式，通过中等规模案例的组态分析验证何种模式更有利于实现地方环境治理高绩效。

4.1 地方环境治理模式的类型学分析

本部分将从地方环境治理模式的概念界定入手，分析控制和协作作为区分地方环境治理模式的合理性，进而对地方环境治理模式进行类型学划分，区分四种地方环境治理模式。

4.1.1 地方环境治理模式的概念界定

正如绪论中的文献综述提出，地方环境治理中存在诸多模式。但何为治理模式学者们众说纷纭，如基于对公共行政发展史的探讨，学者们指出了从传统公共行政模式到新公共管理模式再到治理和网络模式，再比如 Ostrom（1990）区分的利维坦模式、市场化模式和多中心治理模式。其背后的模式变革的差异是其主导理论思想的变革，因此理解模式的差异需要从其背后的理论基础进行分析，不同的理论基础会衍生出不同的表现形式，其治理机制、价值诉求、与利益相关者的关系、关注的治理重点任务也均会有所不同。因此，地方环境治理模式就是依据其自身的支柱性理论而衍生出的环境治理的不同表现形式。

基于前文对地方环境治理典型模式的文献综述，本章发现利维坦模式、常规模式、动员模式强调地方环境治理的控制维度，而市场模式、多中心治理、协作治理等则强调地方环境治理的协作维度。具体来说，利维坦模式、常规模式均强调了一个强有力的政府的控制，而动员模式则强调在行政干预的基础上应该进一步发挥政党的作用；市场模式强调政府在环境治理中应该与市场主体进行协作，将那些能够通过市场方式解决的环境问题交给市场去治理，多中心治理更加关注治理的自主性，跳出了政府和市场的二元分析视角，而协作治理则进一步强调政府应该与企业、公民等非政府主体基于环境问题开展协作。并且，第3章已经通过实证研究验证了控制和协作均能显著提升地方政府的环境治理绩效。因此，基于对地方环境治理的理论和实证分析，本章指出控制和协作已成为地方环境治理的两个主导逻辑。所以，控制和协作可以作为区分地方环境治理模式的两个主要维度，地方政府的不同环境治理模式实际上是控制和协作在现实的治理情境中所呈现的差异化的交互关系。

4.1.2 地方环境治理模式的类型学划分

本部分立足于制度逻辑的理论视角，剖析控制和协作是地方环境治理的主导逻辑以及两者的悖论式关系，进而搭建类型学框架进行治理模式的类型学划分。

1. 悖论视角下的控制和协作双重制度逻辑

关于地方环境治理模式的类型学划分现有研究较少关注，而是主要聚焦于分析地方政府环境政策执行模式，但同样对于本章的分析具有参考意义。如王诗宗和杨帆（2018）从行政控制和多元参与两个维度区分了基层政策执行强弱变化的四种组合，并指出各组合之间存在“调适”的可能。通过类型学的划分能够理清不同类型之间的关系，但构建具体的划分维度则需要考虑以下两个因素：首先确保维度与研究对象是最相关的；其次要考虑所选维度的质量。因此，抽取了控制和协作两个维度，既确保了两个维度对地方环境治理具有极强的相关性，同时基于扎实的文献分析也保证了这两个维度具有较高的质量。

具体而言，控制基于典型的“委托——代理”视角，一方面是上级政府为了克服下级政府在环境治理中可能出现的机会主义行为，进而通过不同的激励机制破解上下级之间的“委托——代理”困境。如上级政府通过目标责任制、发布政策文件和财政激励来督促下级政府实现既定的政策目标，依据正式的规则和科层结构来推动环境治理工作。但这种通过科层制、基于规则的控制容易诱发基层的“共谋”等治理困境。因此，通过政治动员，可以将行政问题上升为政治议题的方式来打破官僚体系的常规运转，实现对官僚体系的纠偏。另一方面是地方政府和相关污染企业之间，企业可能会利用信息优势从事机会主义行为，逃避政府的环境监管，或者进行数据造假。因此，地方政府会采取大量的命令控制工具来规制企业的相关污染行为。协作则是基于网络的视角，指出单一主体的控制往往会造成资源短缺、僵化、难以实现可持续绩效的困境。因此，环境治理往往需要借助社会主体的力量，跳出治理环境问题是政府责任的固有认知，公众、社会资本、NGO 等均具有自身的优势以及特定的治理资源，进而会影响地方环境治理行为。大量研究证实非政府主体参与到环境治理中会显著提升环境治理绩效，并且棘手的环境问题往往呼吁社会主体参与进来。

传统的研究视角将控制和协作视为一种对立的逻辑，即地方政府在环境治理中要么强化控制要么强化协作，但是大量的研究证实这一视角会产生矛盾的环境治理绩效。强化控制虽然具有强大的资源整合能力，能够快速实现既定环境治理目标，但由于损害公共利益、破坏政商关系进而会导致公共价值缺失，并且难以实现长期绩效；强化协作虽然提升了政府环境治理的合法性（Lemos and Agrawal，2006；Morrison et al.，2019），有助于实现长期绩效，但缺乏合理的控制手段会造成协作难以产生和运转。一些研究开始探索各种替代性方案，Zhou and Dai（2023）的研究发现层级干预对于地方政府协作环境治理的形成具有重要作用；一些学者将政府作为网络的催化剂、搭建协作平台并通过强制性的干预影响地方协作等（Ansell and Gash，2018；Lee，2023）；也有学者将协作视为公共管理者实现战略目标的工具。因此，摆脱“控制或协作”的权变视角，实现“控制和协作”的共存就变得愈发重要。

本书将地方环境治理中的控制和协作视为一种悖论关系。悖论是指相互对立但又相互关联的逻辑同时存在，并且随着时间的推移不断持续。其摆脱了基于权变视角研究中的“either or”的思维，引入了“both and”视角，有利于实现组织长期的、可持续的绩效。

基于悖论的视角，首先，控制和协作是矛盾的。地方政府在特定时间点选择控制或协作来解决特定的环境问题，这种选择造成了矛盾。因为控制和协作依赖于完全不同的机制，正如在第2章表2-2中所讨论的那样。例如，van der Kamp（2021）研究发现，临沂市政府因空气污染问题受到中央政府的批评，在这种紧迫外部压力影响下，当地政府采取了极端措施，如停产和限制工业园区的电力供应。在这种情况下，为了尽快实现空气质量的改善，地方政府扮演了控制者的角色，而协作的方式则无法在短期内实现环境质量的改善。

其次，如果将分析扩展到治理过程中，就会发现控制与协作双重逻辑也是相互依存的。正如 Raisch and Krakowski（2021）指出，随着时间的推移，冲突双方会相互影响，一方会为另一方创造条件，甚至创造必要条件。在贵阳市治理南明河的过程中，当地政府在开始阶段选择了控制的手段，通过发布政策文件、党委领导调研等方式，为治理南明河污染问题提供了治理方案，扭转了当地政府追求经济增长、忽视环境保护的动机，同时这也为引入协作奠定了良好的基础。由于地方政府并不具备解决河流污染问题的资金、技术和管理能力，因此，地方政府开始与知名环保企业合作，发起了许多环境治理 PPP 项目，并成立了环境协作治理小组，探索更有效的环境治理方案。在协作过程中，政府扮演着领导者的角色，推动协作的成功运转。这一协作历史为开展新一轮治理提供了经验。在新一轮治理中，地方政府制定了新的治理目标，调整了治理计划，并邀请了新的利益相关者参与环境治理。这个例子表明，地方政府在最初可能会遵循控制逻辑来治理环境问题，控制有助于明确治理的方向，克服地方政府的治理惰性，但随着时间的推移，其困境逐渐显露出来，从而使随后的协作成为可能。协作则进一步为后续的控制提供了经验。因此，控制与协作不仅相互矛盾，而且相互依存。

最后，这种紧张关系会一直持续下去。悖论是指相互依存的要素之间存在紧张关系；然而，只有当这种紧张关系长期存在时，它们才会被视为悖论。本书指出，控制与协作的悖论将在地方环境治理中持续存在。一方面，正如前文指出，棘手问题逐渐成为地方政府面临的主要环境问题，这就要求地方政府积极与利益相关者协作去解决环境问题。当地方政府面临着“难以建立和运转协作治理，协作过程效率太低、成本太高，无法产生共同目标”等困境时，控制可以弥补协作的缺陷。另一方面，协作可以弥补控制在“资源短缺、缺乏合法性”等方面的不足。此外，现有研究证实单独运用控制或协作都不能产生长期、稳定的绩效。在缺乏良好政府控制的情况下，协作治理也会失败，如 Elston et al.（2023）指出的协作过剩（collaborative excess）。同样地，如果地方政府在环境治理中不使用协作，控制也会失效，如 van der Kamp（2021）提出的“钝化”（blunt force）治理。因此，从长期来看，控制与协作并存是地方政府必须面对的治理挑战。综上，控制逻辑和协作逻辑呈现出一种悖论式关系，如图 4-1 所示。

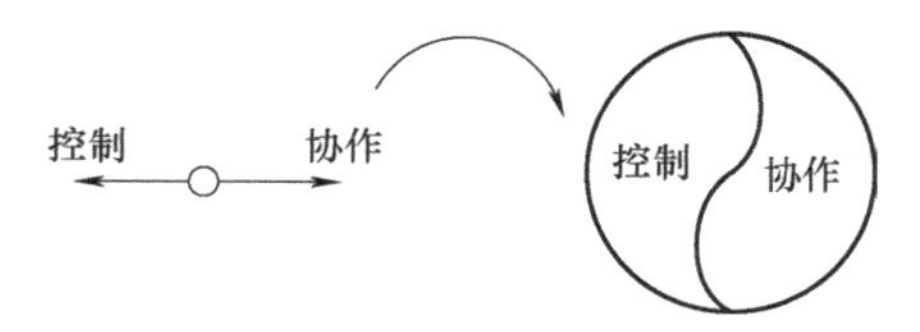

图 4-1 控制与协作的悖论式关系

2. 基于类型学的地方环境治理模式区分

基于控制和协作的悖论式关系，按照控制和协作的强弱将地方环境治理划分为四个不同的类型，如图 4-2 所示，分别包括“低控制—低协作”“低控制—高协作”“高控制—低协作”以及“高控制—高协作”。需要说明的是，控制和协作的强弱是对比出来的，并不意味着低控制就是缺乏控制，而是相比于高控制来说低控制的控制力较弱。

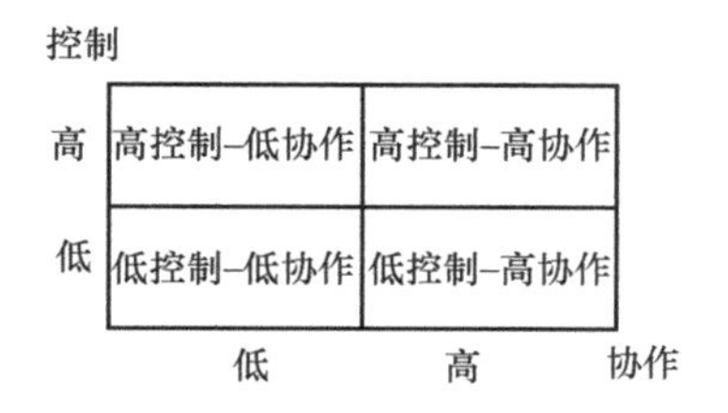

图 4-2 地方环境治理模式划分

（1）“低控制—低协作”型环境治理模式。在“低控制—低协作”型环境治理模式中，地方政府通过官僚制推动环境治理工作，并且非政府主体的参与严重不足。正如上文分析指出，受制于“锦标赛体制”的约束，地方政府自上而下的激励更多地发生在经济领域，导致地方政府难以对环境治理问题给予更多的关注，如第二产业的飞速发展往往造成大量的环境污染却并未得到政府重视，只是借助常规的官僚体制按部就班地推动环境治理工作。并且“低控制—低协作”型环境治理模式中社会参与严重不足，一方面，控制思维主导下的地方政府难以调动社会主体去参与环境治理；另一方面，由于缺乏相应的激励，社会主体也并不会主动参与到环境治理中。因此，在“低控制—低协作”型环境治理模式中，地方政府往往关注如何完成上级政府的治理任务，而这一治理任务具有强烈的经济发展导向，环境治理问题难以得到地方政府的关注，所以地方政府也不愿意主动与非政府主体协作去推动环境治理工作。因此，在“低控制—低协作”型环境治理模式中地方环境治理会出现大量的偏差。

（2）“高控制—低协作”型环境治理模式。在这一模式中，地方政府往往将环境问题上升到政治高度，借助强有力的政治权威对地方环境治理行为进行纠偏，从而最大限度地使地方政府克服环境治理中的不作为行为，短时间内实现治理绩效。因此，相比于“低控制—低协作”型环境治理模式，其控制力较强。尽管高控制下包含对大量社会主体的强动员，但是这种社会主体的参与往往是控制导向的、被动的，甚至牺牲自己的利益去完成环境治理的政治任务。所以，“高控制—低协作”型环境治理模式往往容易出现地方环境治理的“一刀切”行为。

（3）“低控制—高协作”型环境治理模式。“低控制—高协作”型环境治理模式则关注与非政府主体协作来推动环境治理工作。一方面，地方政府可以运用市场的方式，通过绩效管理、市场竞争等来提升地方政府环境治理的效率。最典型的方式就是PPP模式，通过与私人部门签订合约的方式，引入私人部门的技术、管理和资金来提高环境治理效率。但并非所有的环境问题都能通过市场的方式解决，市场机制的前提是明晰产权，如污水处理、垃圾收运、海绵城市建设、碳排放交易等，而对于那些流动性更强的、难以确定责任归属的环境问题，如大气治理、海洋治理等，此时会出现市场失灵问题，因此难以通过市场的方式进行治理。另一方面，地方政府可以发起协作环境治理，与环境问题密切相关的利益相关者主动参与到环境治理的协作网络中，主体间基于共同目标、资源互补等进行频繁互动，进而推动环境治理工作。政府在其中要做好管理网络的角色，或者作为元治理角色参与其中，而政府的控制力在其中是偏弱的。协作模式往往有助于实现可持续的环境治理绩效，但实现这种高绩效需要高效的协作过程以及规范的网络结构，所以协作模式的有效运转往往是成本高昂的。

（4）“高控制—高协作”型环境治理模式。基于类型学的视角，本章识别出“高控制—高协作”型环境治理模式，这是本书提出的一个全新的治理模式。相比于“高控制—低协作”型环境治理模式，“高控制—高协作”型环境治理模式依然要借助政府强控制来打破地方政府在环境治理中的惰性，但社会主体的参与由被动变为主动。相比于“低控制—高协作”型环境治理模式，“高控制—高协作”型环境治理模式则在协作的基础上引入了政府控制，通过政府控制能够最大限度地降低协作成本、提升效率。因此，在“高控制—高协作”型环境治理模式中，自上而下的控制很好实现了对地方政府环境治理不作为行为的纠偏，而社会主体在地方政府的有序引导下逐步参与到环境治理中，实现了治理资源的有效整合，也对地方政府在环境治理中可能产生的偏差行为起到了约束和监督的作用。因此，“高控制—高协作”型环境治理模式既强化自上而下的控制，又强化自下而上的协作，实现了控制和协作的共存。

为了进一步验证何种环境治理模式有利于实现环境治理绩效，本章将运用组态分析的方法，选择 60 个中央生态环保督察下地方政府环境治理的典型案例，从组态角度分析控制和协作之间更为复杂的交互关系。

4.2 地方环境治理模式的组态分析

正如前文分析指出，地方环境治理模式的形成是一个复杂的、系统的、交互的过程，选择合适的方法去识别这一复杂的因果关系成为解决该问题的关键。近年来，组态分析逐渐成为识别因果复杂性的重要工具。因此，本部分筛选了 60 个中央生态环保督察下地方政府环境治理的典型案例，基于“外部情境——控制逻辑——协作逻辑”的地方环境治理分析框架，开展组态分析来识别有效的环境治理模式。

4.2.1 理论分析与研究模型

在中国传统的环境治理体系中，政府通过官僚结构发布政策文件并依靠目标责任制来实现自上而下的控制，而其中经济增长往往是该目标系统的核心，也是官员晋升的重要依据，导致地方政府有极强的激励去推动经济发展而忽视环境保护。然而这一粗放的发展模式对生态环境造成的严重负面影响也得到了中央政府的重视，将环境保护列入了官员绩效考核的指标系统中，并实施了“一票否决制”。中央政府也相继出台了大量政策文件指导地方政府开展环境治理工作，地方政府开始逐渐关注环境保护，但由于其并不能成为决定官员晋升的关键，因此政府只是保证环境治理达标即可，并无进一步超越这一标准的意愿，甚至部分地方政府会通过各种方式，如数据造假、重新分配指标、选择性上报治理任务等去完成这一任务。因此，虽然相比于以前环境污染得到一定的控制，但难以产生可持续的环境治理绩效。

即使如此，行政干预的规范化、稳定性依然对于地方环境治理过程产生影响，地方政府在与政府内部各部门、企业、公民的互动过程中假如没有良好的行政干预的约束，这一多元互动的过程将缺乏有效的、稳定的规则制约，极易诱发地方政府利用自身公权力开展大量的形式主义活动。如缺乏有效的政策文件引导，政府内部各部门林立、“碎片化”的困境将难以有效化解，极易形成救火式的组织，造成组织紧缺资源的浪费。因而，通过规范的文件约束可以将这种政府部门内部的协作制度化、规范化。同样地，在与企业互动的过程中，假如缺乏有效的行政干预，政府可能会与企业进行合谋、与专家进行利益输送，进而造成大量环境治理项目难以规范落地，并且其中也会滋生大量的腐败行为。相应地，良好的行政干预也为地方政府的环境治理行为设置了明确的治理目标、时间期限、责任分工，因此能够更好地推动政府多方协作的开展，进而实现环境治理绩效。

近年来，以党委领导高度重视为核心的运动式治理逐渐成为地方环境治理的核心视角，利用党组织的权威短时间内聚集各方资源、凝聚地方政府对某一环境问题的注意力，从而实现既定政策目标。中国政府运用了大量的运动式工具去督促地方政府进行环境治理，“节能减排攻坚战”“蓝天保卫战”“环保约谈”“环保督察”等，逐渐成为一种常规化的治理手段，取得了显著的治理成效。然而，领导重视在环境治理绩效的实现中呈现一种矛盾的作用。一方面，领导重视可以极大地扭转地方政府的注意力，克服环境治理的惰性，使其将治理资源和政策工具运用到环境治理中，进而实现环境治理目标。另一方面，由于缺乏良好的多主体协作，导致政府往往以牺牲经济发展、破坏政商关系为代价，在治理环境问题中往往付诸“集中关停”“一刀切”等极端手段以完成这一政治任务，造成不可持续性的治理绩效。本章认为协作可以通过一种独特的转化机制来有效解决这一矛盾，进而实现环境治理绩效。首先，领导重视为各主体参与协作快速提供了必要的资源，短时间内凝聚了治理主体间的注意力，克服了协作治理本身所需的高昂的协调成本，往往能够快速推动协作网络的形成和运转，进而提升环境治理绩效；其次，协作治理通过培育不同主体的正式的协作关系进而去弱化领导重视所导致的临时的、拼凑的关系，进而克服领导重视的不可持续困境，促进环境治理绩效的实现。所以，协作治理通过放大领导重视优势、缓解其劣势来推动环境治理绩效的实现。

因此从理论分析来看，控制和协作之间存在复杂的组合关系。国内最新研究指明了在环境治理领域实现控制和协作共存的重要性，在长期聚焦“行政干预”的视角下，开始逐渐关注“多元参与”在具体治理场域的作用，提出了诸如“调适性社会动员”“党建引领”“松散关联式”协作等（王诗宗和杨帆，2018；崔晶，2022；何艳玲和王铮，2022）。在控制的基础上加强协作能够提升环境治理的合法性，弥补政府自身治理资源的不足，更好地利用非政府主体的治理资源、管理能力和技术手段。其次，关于协作的研究开始呼吁控制的重要性，如学者分析了层级干预对于协作网络形成的重要作用、政府发起的协作平台对网络的形成和演化的影响等（Ansell and Gash，2018；Zhou and Dai，2023）。政府有效的控制往往具有催化剂的作用，进而提升协作和参与的效率。最后，组织理论最前沿的视角指出，组织应该实现不同逻辑的共存，进而推动组织实现长期绩效。因此，可以预期在政府组织中，控制和协作的共存对于地方环境治理绩效的实现具有重要意义。

正如悖论的观点认为，实现多重制度逻辑的共存往往能够推动组织治理实现可持续性。因此，控制和协作的共存往往能够推动地方环境治理实现高绩效。由此就形成了地方环境治理模式的分析模型，如图 4-3 所示。

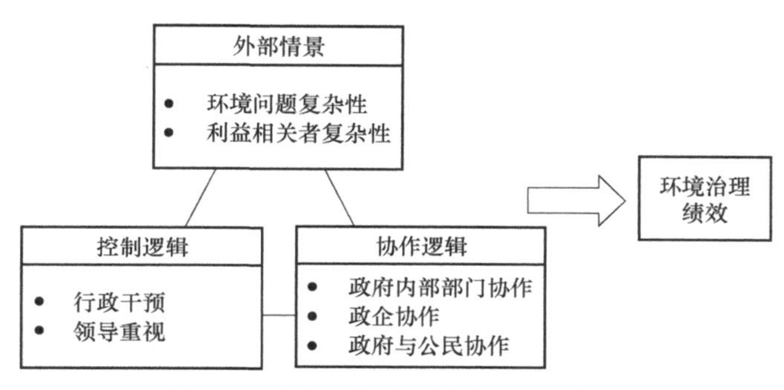

图 4-3　地方环境治理模式的分析模型

4.2.2　研究方法与数据来源

为了揭示“外部情境——控制逻辑——协作逻辑”之间复杂的交互关系，下面将运用案例导向的 fsQCA 研究方法，选择 60 个典型案例开展研究。

1. 研究方法

定性比较分析方法是通过布尔代数逻辑进行分析，旨在对中等规模的案例进行深入的跨案例比较分析，进而识别出导致结果产生的原因组合。这一方法转变了传统基于回归分析的权变思维，引入了组态的视角，非常适合探究地方环境治理中的复杂因果问题。同时定性比较分析方法由于具有中等规模案例分析的优势，弥补了以往案例研究推广性不足的问题。由于部分变量难以二分界定，本章运用模糊集定性比较分析（fsQCA）的方法。

2. 案例选择

基于 QCA 的案例选择要满足两个基本要求，即案例总体的同质性以及案例总体内最大的异质性（张明和杜运周，2019）。首先，在案例的同质性方面，本章选择的案例只囊括了中央生态环保督察将环境问题责任归属给市这一层级的政府；同时，所选择的案例均具有较为丰富的资料，也在当地产生了显著的社会影响，满足了案例总体的同质性要求。其次，所筛选的环境问题涉及水环境治理、矿山治理等不同的环境问题，同时涵盖了不同省份的地方政府，并且环境治理绩效差异显著，因此满足案例总体内最大的异质性要求。本章共选择了 60 个中央生态环保督察公布的典型案例，其中 30 个正面典型案例，30 个负面典型案例。案例具体特征如表 4-1 所示。

表 4-1　典型案例选取

正面典型案例			负面典型案例		
城市	案例名称	环境类型	城市	案例名称	环境类型
五家渠市	八一水库治理	水环境治理	上海市	黑加油站治理	大气治理
银川市	贺兰山治理	自然保护区	福清市	江阴港城经济区污水治理	水环境治理
西安市	皂河治理	水环境治理	漳州市	非法采矿治理	矿山治理
拉萨市	拉鲁湿地治理	水环境治理	重庆市	玉滩湖治理	水环境治理
大理州	洱海治理	水环境治理	甘南州	金矿治理	矿山治理
贵阳市	南明河治理	水环境治理	北京市	污水处理厂污泥治理	固废治理
成都市	大气污染治理	大气治理	北京市	自然保护区违建治理	违建治理
重庆市	缙云山自然保护区治理	自然保护区	衢州市	绿色产业集聚区污染治理	产业转型

（续）

正面典型案例			负面典型案例		
城市	案例名称	环境类型	城市	案例名称	环境类型
南宁市	黑臭水体治理	水环境治理	台州市	椒江治理	水环境治理
汕头市	练江治理	水环境治理	淮北市	焦化企业污染治理	大气治理
揭阳市	练江治理	水环境治理	铜陵市	荷花塘污染治理	水环境治理
宜昌市	长江岸线码头治理	码头治理	蚌埠市	盲目上马违规项目	产业转型
郑州市	贾鲁河治理	水环境治理	黄山市	太平湖治理	自然保护区
济南市	小清河治理	水环境治理	崇左市	黑臭水体治理	水环境治理
九江市	矿山治理	矿山治理	新乡市	生活垃圾填埋场治理	固废治理
宁德市	海上综合养殖治理	水环境治理	安阳市	焦化行业治理	产业转型
马鞍山市	长江岸线综合治理	水环境治理	玉溪市	杞麓湖治理	水环境治理
杭州市	造纸业转型升级	产业转型	岳阳市	洞庭湖治理	水环境治理
宁波市	橡胶产业转型升级	产业转型	湘潭市	码头污染治理	码头治理
台州市	船舶行业转型升级	产业转型	九江市	高耗能行业无序发展	产业转型
绍兴市	印染行业转型升级	产业转型	昆明市	滇池违规开发	违建治理
湖州市	五大行业转型升级	产业转型	保山市	东河治理	水环境治理
镇江市	江豚自然保护区治理	自然保护区	长春市	生活垃圾违规填埋	固废治理
白山市	长白山违建治理	违建治理	济宁市	矿山违规开采	矿山治理

（续）

正面典型案例			负面典型案例		
城市	案例名称	环境类型	城市	案例名称	环境类型
沈阳市	祝家庄污泥治理	固废治理	云浮市	“两高”项目管控不力	产业转型
通辽市	霍林郭勒煤矿治理	矿山治理	黔东南州	矿产违规开采	矿山治理
太原市	汾河治理	水环境治理	咸阳市	大气污染治理	大气治理
廊坊市	文安县造纸业转型升级	产业转型	石嘴山市	“两高”项目管控不力	产业转型
天津市	七里海治理	自然保护区	渭南市	双桥河治理	水环境治理
北京市	新凤河治理	水环境治理	银川市	生活垃圾设施治理	固废治理

3. 数据校准

条件变量和结果变量的测量与表 3-4 地方环境治理影响因素的指标体系一致，在校准方式中，问题复杂性、利益相关者复杂性、行政干预、领导重视、政府内部部门协作、政企协作均采用直接赋值法，分别赋值为 0 和 1，而政府与公民协作则运用直接校准法，采用三个锚点，即上四分位数、中位数以及下四分位数进行校准。各变量校准结果如表 4-2 所示。

表 4-2　数据校准

		校准	赋值依据	数据来源
外部情境	问题复杂性	• 直接赋值法（0，1）	治理对象是否明确、问题治理是否难度较大	生态环境部公布的典型案例、《督察整改看成效典型案例汇编》
	利益相关者复杂性	• 直接赋值法（0，1）	环境问题涉及企业规模	生态环境部公布的典型案例、《督察整改看成效典型案例汇编》

（续）

		校准	赋值依据	数据来源
控制逻辑	行政干预	• 直接赋值法（0，1）	地方政府在督察整改意见中是否明确提出整改方案	各省环保督察整改文件
	领导重视	• 直接赋值法（0，1）	地方领导的重视程度，是否亲临一线、是否批示等	地方媒体报道和政府官网
协作逻辑	政府内部部门协作	• 直接赋值法（0，1）	是否存在专门工作小组	地方媒体报道和政策文件
	政企协作	• 直接赋值法（0，1）	是否发起 PPP 项目	财政部 PPP 数据库
	政府与公民协作	• 直接校准法（1，4，15）	百度搜索指数	百度搜索指数
结果	环境治理绩效	• 直接校准法（0，1）	正面典型整改案例、负面典型整改案例	生态环境部官方网站、《督察整改看成效典型案例汇编》

4.2.3 组态分析结果

基于规范的 fsQCA 分析流程，将分别从必要条件分析和组态分析两个层面入手，揭示“外部情境——控制逻辑——协作逻辑”之间的复杂交互关系。

1. 必要条件分析

运用 QCA 进行必要条件分析，识别是否存在实现地方环境治理高绩效的必要条件。当一致性大于 0.9 并且具有不可忽视的覆盖度时，则该变量可以被视为实现结果的必要条件。分析结果如表 4-3 所示，领导重视、政府内部部门协作和 ~ 政企协作的一致性均大于 0.9。其中，领导重视的一致性为 1.000，政府内部部门协作的一致性为 0.967，这表明领导重视和政府内部部门协作是实现地方环境治理高绩效的必要条件，地方政府在环境治理过程中，倘若没有运用党政领导的高度重视以及成立政府内部各个部门的协作小组，地方政府的环境治理一定是失败的；~政企协作的一致性为 0.933，这表明缺乏有效的政企协作是实现地方环境治理低绩效的必要条件。

表 4-3　QCA 必要条件分析

	正面典型案例		负面典型案例	
条件	一致性	覆盖度	一致性	覆盖度
问题复杂性	0.167	0.312	0.367	0.688
~问题复杂性	0.833	0.568	0.633	0.432
利益相关者复杂性	0.167	0.417	0.233	0.583
~利益相关者复杂性	0.833	0.521	0.767	0.480
行政干预	0.800	0.632	0.467	0.368
~行政干预	0.200	0.273	0.533	0.727
领导重视	1.000	0.638	0.567	0.362
~领导重视	0.000	0.000	0.433	1.000
政府内部部门协作	0.967	0.558	0.767	0.442
~政府内部部门协作	0.033	0.125	0.233	0.875
政企协作	0.533	0.889	0.067	0.111
~政企协作	0.467	0.333	0.933	0.667
政府与公民协作	0.580	0.599	0.389	0.401
~政府与公民协作	0.420	0.407	0.611	0.593

注：~表示对变量取非集。

2. 组态分析

接下来进行组态分析。在分析中，将原始一致性设置为 0.8，案例频数设置为 1，在反事实分析中，将所有变量的存在与否设置为不重要。共得到QCA的简约解、中间解和复杂解三种，借鉴Fiss（2011）提供的QCA结果呈现形式，如表4-4所示。将简约解和中间解匹配以此来确定核心条件和边缘条件，其中圈和叉号表示条件存在和缺失，大小分别代表核心条件和边缘条件，空格则代表变量存在与否对结果而言无关紧要。当前因条件同时出现在简约解和中间解中则视为核心条件，只在中间解中出现则视为边缘条件。分析共得出实现地方环境治理高绩效的5条组态路径，5条路径的总覆盖度为0.938，意味着可以解释现实中93.8%的案例；一致性为0.746，意味着所有满足这五类条件组态的环境治理案例中，74.6%的案例是成功的。一致性和覆盖度均高于临界值表明组态分析结果有效。

表4-4　组态分析结果

环境治理高绩效					
条件变量	S1	S2	S3	S4	S5
问题复杂性	●	•	⨂	⊗	⨂
利益相关者复杂性	•		⊗	⊗	●
行政干预	●	●	⨂	•	•
领导重视	●	●	●	●	•
政府内部部门协作		●	•	●	•
政企协作	⊗	●		●	⊗
政府与公民协作	⨂	⨂	●		●
一致性	0.920	1.000	0.941	0.929	0.980
覆盖度	0.061	0.062	0.156	0.433	0.033
唯一覆盖度	0.061	0.062	0.156	0.433	0.033
解的一致性	0.746				
解的覆盖度	0.938				

在组态 1 中，面临复杂性较低且利益相关者较为单一的环境问题，在缺乏政企协作和政府与公民协作的情况下，地方政府应实现行政干预和领导重视的匹配，进而实现环境治理高绩效。在这条路径中，问题复杂性存在、行政干预存在、领导重视存在、政府与公民协作不存在为核心条件，利益相关者复杂性存在、政企协作不存在为边缘条件。这条路径的一致性为 0.920，覆盖度为 0.061，唯一覆盖度为 0.061，表明该路径能够解释 6.1% 的实现地方环境治理高绩效的案例，其中 6.1% 的案例仅能被该路径解释。这条路径表明，当地方政府面临棘手程度较低的环境问题时，通过常规的行政干预来推动环境治理任务按部就班地推进，并辅之以党政领导重视来扭转地方政府的环境治理注意力，不运用协作也是能够实现环境治理高绩效的。符合这条路径的案例包括：九江市矿山治理和白山市长白山违建治理。

在组态 2 中，面临复杂性较低的环境问题，在缺乏政府与公民协作的情况下，地方政府应实现行政干预、领导重视、政府内部部门协作和政企协作的匹配，进而实现环境治理高绩效。在这条路径中，行政干预存在、领导重视存在、政府内部部门协作存在、政企协作存在、政府与公民协作不存在为核心条件，问题复杂性存在为边缘条件。这条路径的一致性为 1.000，覆盖度为 0.062，唯一覆盖度为 0.062，表明该路径能够解释 6.2% 的实现地方环境治理高绩效的案例，其中 6.2% 的案例仅能被该路径解释。这条路径表明，当地方政府面临复杂性较低的环境问题时，地方政府在治理过程中要实现控制和协作的共存。一方面要通过强化行政干预推动环境治理任务推进，并辅之以党政领导重视来扭转地方政府的环境治理注意力，另一方面地方政府要注重成立政府内部的协作小组，并积极探索开发环境治理的 PPP 模式，借助社会资本的技术、资金和管理能力来弥补政府自身的治理困境，进而推动环境治理绩效的实现。符合这条路径的案例包括：通辽市霍林郭勒煤矿治理和宜昌市长江岸线码头治理。

在组态 3 中，面临复杂性较高且利益相关者众多的环境问题，在缺乏行政干预的情况下，地方政府应实现领导重视、政府内部部门协作、政府与公民协作的匹配，进而实现环境治理高绩效。在这条路径中，环境问题复杂性不存在、行政干预不存在、领导重视存在、政府与公民协作存在为核心条件，利益相关者复杂性不存在、政府内部部门协作存在为边缘条件。这条路径的一致性为 0.941，覆盖度为 0.156，唯一覆盖度为 0.156，表明该路径能够解释 15.6% 的实现地方环境治理高绩效的案例，其中 15.6% 的案例仅能被该路径解释。这条路径表明，当地方政府面临棘手的环境问题时，问题缺少有效的解决方案，并且利益相关者之间的关系极其复杂，此时单纯依靠行政干预往往难以有效解决此类环境问题，地方政府应该运用领导重视的方式来扭转地方政府的环境治理注意力，克服地方政府的环境治理惰性，并在治理过程中成立政府内部协作网络，并积极鼓励公众参与到环境治理中，进而推动环境治理绩效的实现。符合这条路径的案例包括：北京市新凤河治理、宁波市橡胶产业转型升级、廊坊市文安县造纸业转型升级和台州市船舶行业转型升级。

在组态 4 中，面临复杂性较高且利益相关者众多的环境问题，地方政府应实现行政干预、领导重视、政府内部部门协作、政企协作的匹配，进而实现环境治理高绩效。在这条路径中，领导重视存在、政府内部部门协作存在、政企协作存在为核心条件，问题复杂性不存在、利益相关者复杂性不存在、行政干预存在为边缘条件。这条路径的一致性为 0.929，覆盖度为 0.433，唯一覆盖度为 0.433，表明该路径能够解释 43.3% 的实现地方环境治理高绩效的案例，其中43.3%的案例仅能被该路径解释。这条路径表明，当地方政府面临棘手的环境问题时，一方面要通过强化行政干预推动环境治理任务，并辅之以党政领导重视来扭转地方政府的环境治理注意力。另一方面地方政府要注重成立政府内部的协作网络，并积极探索开发环境治理的PPP模式，借助社会资本的技术、资金和管理能力来弥补政府自身的治理困境，进而推动环境治理绩效的实现。符合这条路径的案例包括：五家渠市八一水库治理、西安市皂河治理、大理州洱海治理、贵阳市南明河治理、南宁市黑臭水体治理、汕头市练江治理、揭阳市练江治理、郑州市贾鲁河治理、济南市小清河治理、宁德市海上综合养殖治理、马鞍山市长江岸线综合治理、太原市汾河治理、天津市七里海治理，以及玉溪市杞麓湖治理。

需要注意的是，在这条路径中，玉溪市杞麓湖治理的结果变量为0，这意味着玉溪市政府在杞麓湖治理中同样也运用了这条路径所表征的治理模式，但是并未能实现优秀的环境治理绩效。这一发现是很有意义的，这表明即使地方政府在环境治理中运用了组态4所呈现的"高控制—高协作"型环境治理模式，但也有可能难以实现环境治理高绩效。这进一步反映出部分地方在环境治理中存在"照本宣科"、盲目治理的情况，没有真正激发"高控制—高协作"型环境治理模式的价值。我们将在第5章深入探讨这一话题。

在组态5中，面临复杂性较高且利益相关者较为单一的环境问题，在缺乏政企协作的情况下，地方政府应实现行政干预、领导重视、政府内部部门协作、政府与公民协作的匹配，进而实现环境治理高绩效。在这条路径中，问题复杂性不存在、利益相关者复杂性存在、政府与公民协作存在为核心条件，行政干预存在、领导重视存在、政府内部部门协作存在、政企协作不存在为边缘条件。这条路径的一致性为0.980，覆盖度为0.033，唯一覆盖度为0.033，表明该路径能够解释3.3%的实现地方环境治理高绩效的案例，其中3.3%的案例仅能被该路径解释。这条路径表明，地方政府在治理复杂性较高且利益相关者较为单一的环境问题时，当地方政府难以发起PPP项目时，通过行政干预和领导重视来规范地方政府的环境治理流程，扭转地方政府的环境治理注意力，并且成立政府内部协作网络，鼓励公众参与到环境治理中，能够实现地方环境治理高绩效。符合这条路径的案例包括：重庆市缙云山自然保护区治理。

3. 研究发现

首先，领导重视和政府内部部门协作的匹配几乎出现在所有的路径之中，并且它们也作为实现地方环境治理高绩效的必要条件。而行政干预、政企协作和政府与公民的协作在路径2、路径3、路径4和路径5中也差异化地出现了，这进一步验证中央生态环保督察下的地方环境治理摆脱了单一的自上而下的强控制，优秀治理绩效的实现是控制和协作共同作用的结果，呈现出了“高控制—高协作”的特征。但显然，领导重视和政府内部部门协作这两个要素的匹配在地方环境治理中是更为重要的，这意味着“高控制—高协作”型环境治理模式呈现出一种独特的“强政府”特征，社会资本和公众的参与并不必然存在地方环境治理中，反而地方政府应结合环境问题的属性，有选择性地吸纳社会资本和公众的参与。

其次，“高控制—高协作”型环境治理模式是实现地方环境治理绩效最重要的模式，路径2、路径3、路径4和路径5均在一定程度上反映了这种模式的具体特征。但这并不意味着其他模式难以实现环境治理绩效，路径1是典型的“高控制—低协作”型环境治理模式，这表明地方政府通过运动式治理的方式同样也能够实现环境治理绩效，但这一路径所涵盖的数量较少，这反过来也进一步验证了“高控制—高协作”型环境治理模式对于实现地方环境治理高绩效的重要意义。第3章回归分析的研究指出控制和协作均显著提升了地方环境治理绩效，本章组态分析的研究结论进一步表明，控制和协作之间通过有效组合实现了地方环境治理高绩效，并且这种高控制和高协作的组合已经成为实现地方环境治理高绩效的主要模式。

再次，政企协作并不区分具体的环境问题，而政府与公民的协作则更加适合复杂性较高的环境问题。在路径2和路径4中，政企协作作为核心条件存在，但这两条路径所呈现的环境问题既包括棘手的环境问题，同时也包括棘手程度较低的环境问题，这意味着PPP模式的运用其实并不区分具体的环境问题属性，地方政府应积极探索不同的环境治理PPP模式，进而更好地引入社会资本的资金、技术、管理能力来解决所面临的环境问题。在路径1和路径2以及路径3和路径5中，问题复杂性较低时政府与公民协作表现为缺失，问题复杂性较高时政府与公民协作表现为存在，这表明地方政府在面临复杂性较高的环境问题时，应积极鼓励公众参与到环境治理中，公众的参与能够大大降低地方政府发现并解决环境问题的成本，进而增强地方政府解决环境问题的能力。

最后，地方政府应根据环境问题棘手程度的差异选择不同的环境治理模式。当地方政府面临棘手程度较低的环境问题时，“高控制—低协作”型环境治理模式是最适宜的，而随着地方政府所面临的环境问题棘手程度不断上升，政府应该不断与非政府主体加强协作，“高控制—高协作”型环境治理模式将是更为适宜的。

4.3 “高控制—高协作”模式的理论分析

本研究基于悖论的视角重新审视了在地方环境治理中控制和协作的关系，区别于以往研究将控制和协作视为一种此消彼长的关系，本研究指出控制和协作在地方环境治理中是一种共存的关系。基于这一视角的创新，本研究区分了地方环境治理的四种模式，分别是“低控制—低协作”模式、“低控制—高协作”模式、“高控制—低协作”模式、“高控制—高协作”模式。进一步地，为了验证这种共存关系是否有利于实现地方环境治理高绩效，本研究选择了60个中央生态环保督察下地方政府环境治理的典型案例，基于中等规模样本的组态分析（QCA），发现了“高控制—高协作”环境治理模式是实现地方环境治理高绩效的主要模式。基于这一研究发现，本章将继续结合组态分析结论对“高控制—高协作”环境治理模式的优势和不足进行分析，从而凸显该模式的理论价值。

4.3.1 “高控制—高协作”模式的优势

1. “高控制—高协作”环境治理模式是提升地方环境治理绩效的主要模式

区别于以往对地方环境治理的常规模式、动员模式以及协作模式的大量探讨，本研究基于悖论的视角区分出了地方环境治理的“高控制—高协作”环境治理模式，并通过组态分析加以验证。研究指出，“高控制—高协作”环境治理模式通过实现控制和协作的有效组合，最终实现了地方环境治理高绩效，是对国家呼吁构建多元共治现代环境治理体系的完美实践。

第一，“高控制—高协作”环境治理模式突破了现有关于我国地方环境治理研究囿于控制忽视协作的困境。“高控制—高协作”环境治理模式下的地方政府已经开始打破部门壁垒、模糊政府与社会的边界，主动将社会力量纳入环境治理过程中。地方政府逐渐摆脱了以往的纠错式治理模式，即控制失灵后才引入协作去解决控制失灵，而最终还是为了控制服务。以往常规模式和动员模式下的地方政府，往往依托高强度的自上而下的控制去推动治理工作的开展。但受制于科层制固有的治理困境以及运动式治理所独特的临时性特征，造成以控制为核心导向的地方环境治理往往是低效率的，甚至会产生破坏性的治理结果，难以真正实现生态环境的高质量发展。而“高控制—高协作”环境治理模式则很好地突破了常规模式和动员模式彼此更替的治理现状，有效地推动了地方环境治理模式的转型，由控制主导转向控制和协作共存。

这一模式转型是在常规模式和动员模式基础之上进一步整合与环境问题密切相关的不同利益相关者，利用其自身独特的资源优势，来共同推动环境问题的解决。因此，“高控制—高协作”环境治理模式同时实现了控制和协作的价值。但是，这一模式转型也与王诗宗和杨帆（2018）、顾丽梅和李欢欢（2021）提出的行政动员（控制）和多元参与模式存在差异。因为在其分析视野之中社会主体是被政府纳入科层链条之中，往往是为更好的政府控制服务的，即为了完成政府的治理任务政府不得不去协作，而不是社会主体的主动性行为。而“高控制—高协作”环境治理模式则凸显了社会主体参与环境治理的主动性。在中央生态环保督察公布的正面典型案例中，地方政府在环境治理中主动运用 PPP 模式，与社会资本合作，为破解环境治理困境提供解决方案，社会资本也积极主动探索新的环境治理技术，不但提升了企业效益，也帮助地方政府解决了环境污染问题。公众通过互联网平台积极参与，帮助地方政府发现问题，并及时督促地方政府整改环境问题等。因此，正是由于地方环境治理中社会主体由被动到主动这一参与特征的转变，使得地方政府在环境治理中开始从如何完成治理任务、提升地方政府环境政策的执行力，转向了如何通过多元共治来真正实现生态环境的高质量发展。

第二，“高控制—高协作”环境治理模式所独有的控制和协作共存的特征对西方学者的传统观点提出了挑战。西方环境政治领域的传统观点认为，东亚的环境治理呈现威权主义的特征，往往会通过采取强有力的自上而下的控制手段来推进环境治理工作，并且能够实现一定的环境治理绩效。但是，这一自上而下的治理过程是缺乏参与的，参与仅仅局限于少数精英阶层。因此，环境威权主义的观点认为，在环境威权主义国家，威权与协作往往是难以共存的。但本章的研究发现很好地质疑了这一传统论断。首先，中央政府近年来出台的大量环境政策文件，如《关于构建现代环境治理体系的指导意见》（2020）、《关于规范实施政府和社会资本合作新机制的指导意见》（2023）等，明确提出了要构建多元共治的现代环境治理体系，鼓励社会资本、企业、公民积极参与到环境治理中。其次，本研究基于大量的地方环境治理实践所发现的“高控制—高协作”环境治理模式正成为实现地方环境治理高绩效的主要模式。政策导向、治理实践以及研究发现都明确指出了当前中国地方环境治理并不是环境威权主义所认为的那样缺乏协作，反而，中国政府正在积极鼓励和培育协作力量，协作已经成为中国地方治理环境问题极其重要的一环，形成了一种政府主导下的多元协作模式。

第三，“高控制—高协作”环境治理模式与西方典型协作模式也存在巨大差异。协作治理的理论假设表明，协作往往不依赖于外部控制，而是参与者的主动行为。但“高控制—高协作”环境治理模式中的协作是和自上而下的控制紧密相连的。当非政府主体缺乏主动的协作意识、协作意愿以及参与协作的渠道路径时，盲目引入协作反而会产生适得其反的结果，难以实现优秀的环境治理绩效，“共谋”“弄虚作假”等问题就是典型例证。这样就需要进一步去反思已有对于地方环境治理中的协作或参与的相关研究，基于本研究的综述以及前文的理论分析，在国内不乏研究用协作治理理论去解释和分析中国的地方环境治理问题，但是，这些研究大量聚焦于政府内部的协作或者跨域协作问题，可见这些研究往往只聚焦于政府这一单独的协作场域。由于政府内部各部门和不同政府之间同属于一套科层体系之中，当上级或者中央政府对环境治理问题给予了高度重视，相比于政府与非政府主体的协作，政府部门内部的协作以及政府间的协作发起成本明显较低，而且强的外部压力导致政府部门以及不同政府之间的目标是一致的，因此地方政府也愿意协作去实现这一环境治理任务。所以，大量协作治理的研究成果可以得到很好的运用。但是一旦涉及政府与非政府主体之间的协作，经典的协作治理理论的解释力度就会下降。由于非政府主体缺乏主动协作的意愿，并且各个主体之间的目标分歧严重，倘若盲目发起协作将会出现大量工具式协作。正如 Mountford and Geiger（2020）指出，政府也会经常利用协作网络来为自身的目标服务，所以地方政府也会主导协作进程从而实现私利而并非公利。正如在第 5 章将要分析的那样，在玉溪市推进杞麓湖治理之中，为了完成上级政府的水质考核任务，地方政府利用多方协作建设了大量面子工程，最终被通报批评。在这个案例中，协作就成了地方政府实现自身利益的工具。

本研究指出在“高控制—高协作”环境治理模式中，高控制真正的作用在于避免盲目引入协作可能造成的工具主义风险，使得多主体的协作能够真正为公共价值去服务，实现多元主体的价值共创而并非仅仅关注某一或者某些主体利益的实现。而这一独特的研究发现正是当前在协作治理的研究中一个尚未被学者们充分关注的话题，即“制度属性对协作治理具有何种影响”。Emerson et al.（2012）在其提供的协作治理分析框架中虽然将制度属性作为影响协作治理的一个重要的外部因素，但是现有研究几乎忽略了制度异质性的影响，对协作治理的研究往往限定在了独特的制度情境中，因此不同制度属性的差异被淡化了，往往被作为常量而并非变动的因素。然而，中国政府所独特的制度情境自身就蕴含着“强控制”的特征，并且多元主体参与协作的主动性在中国尚未被广泛而充分地培育起来。因此，地方政府在环境治理中引入协作，往往就需要借助诸如党政动员、领导重视、专项行动等手段来扭转地方政府的环境治理注意力，克服其“应付”“弄虚作假”等治理思维，积极为社会主体参与提供制度、政策、资源上的支持，只有这样才能真正激发出多元主体参与环境治理的主动性，进而实现生态环境高质量发展。这一发现对像中国这样的发展中国家如何针对本国的制度情境有效地运用协作治理去解决环境问题具有非常积极的借鉴意义。

2. “高控制—高协作”环境治理模式具有四条典型的实现路径

区别于以往研究侧重于分析环境治理为什么失败，本研究通过对60个中央生态环保督察典型案例的组态分析，发现了五条提升环境治理绩效的路径，四条路径均呈现出“高控制—高协作”环境治理模式的特征，一条路径呈现出“高控制—低协作”环境治理模式的特征。经过对这些路径的深入分析可以发现：

第一，地方政府选择不同环境治理模式受到环境问题属性的影响。现有研究侧重于探究环境治理过程对环境治理绩效的影响，忽视了环境问题自身属性对地方环境治理的影响，而这也是造成地方环境治理难以实现高绩效的关键原因之一。不同的环境问题的棘手程度差异巨大，若不加区分往往会造成地方政府盲目治理，为了迎合特定的治理目标而开展治理工作，或简单复制其他地区以及过往的经验，造成治理困境。本章的研究发现指出地方政府有五条实现环境治理高绩效的路径。针对棘手的环境问题，“高控制—高协作”的环境治理模式是适宜的；而针对棘手程度较低的环境问题，则应该运用“高控制—低协作”的环境治理模式。此外本章发现，政府与公众的协作应该尽量用来解决复杂性较高的环境问题，而政府与社会资本的协作并不区分具体的环境问题。因此，环境问题属性的引入转变了传统地方环境治理中的线性思维，地方政府可以结合不同的环境问题去选择恰当的环境治理路径，从而可以为地方政府提供更为落地的环境治理方案。

第二，地方政府在环境治理中要加强横向关系治理。现有研究往往将环境治理的偏差归结为政府部门上下级之间固有的“委托—代理”困境，因此上级政府可以采取不同的激励和惩罚约束机制来规制下级政府的环境治理行为，达到纠偏的目的。如典型的目标责任制、排名考核机制等。然而，这些措施的使用被大量研究证实难以实现优秀的、可持续的环境治理绩效。因此，要跳出上下级之间“委托—代理”这一单一的分析视角，寻找破解环境治理困境的全新要素。本章研究发现，地方政府实现环境治理高绩效的四条路径均呈现出高协作的特征，高协作也就意味着“关系治理”将成为地方政府摆脱环境治理困境的关键。然而，这与传统研究所关注的委托人（上级政府）和代理人（下级政府）之间的关系治理是有差别的，高协作关注的是地方政府与横向利益相关者之间的关系治理，地方政府要加强政府内部各部门、政府与社会资本以及政府与公众之间的关系治理。横向关系的培育可以更好地激发利益相关者参与的积极性，使得利益相关者可以更好地理解政府环境治理的意义。所以，本研究指出在“高控制—高协作”环境治理模式中，地方政府要实现有效的横向关系治理来推动协作。

4.3.2　“高控制—高协作”模式的不足

当然，本研究也发现“高控制—高协作”环境治理模式在实践中也存在大量的问题，需要地方政府予以关注。

第一，地方政府在环境治理中的主动性不足，“高控制”难以持续。这是长期以来追求经济发展而忽视环境保护所产生的长期影响，因此，一旦地方政府缺少自上而下的强控制，势必会陷入运动式治理的窠臼之中，走上“不治理”“乱治理”的老路，难以主动推进环境治理工作。当前很多地方政府在环境治理中的主动性并没有有效培育起来，还需要通过自上而下的强控制，依靠党政领导的高度动员来实现对环境治理注意力的聚焦。但是正如上文提到的，地方政府领导者的注意力是稀缺资源，关注某一发展问题就难以同时聚焦于另一种发展问题，这也就意味着并不是所有的环境问题都能得到领导重视。因此，只有得到领导重视的环境问题才能够采用“高控制—高协作”的环境治理模式，地方政府环境治理的主动性似乎陷入了难以提升的窠臼之中。

但值得庆幸的是，中央生态环保督察制度已经开始被中央政府视为一项制度化的、长期化的制度措施，而通过“常态化”的督察，可以将中央政府这种环境治理的决心持续不断地注入地方环境治理过程中，从而可以有效弥补领导者注意力稀缺的困境。未来可以预期，通过中央生态环保督察制度持续不断的压力传导，地方政府会将督察所带来的外部压力逐渐内化，从而真正培育起环境治理的主动性。

第二，“高控制—高协作”环境治理模式的扩散难度较大。一方面，在本书所构建的案例库中，真正实现“高控制—高协作”环境治理模式的地方政府仍然是少数，并且在这一模式中，最难实现的并非“协作”而是“控制”。正如前文必要条件分析指出的，领导重视是实现地方环境治理高绩效的必要条件。党政领导的高度重视对扭转地方环境治理的注意力、聚集治理资源、调动多方参与都具有重要作用。但是，显然领导者，尤其高层领导者的注意力是一个稀缺资源。所以，本章认为“高控制—高协作”环境治理模式的实现其实具有很强的“选择性”，只有被领导关注了才有可能实现，因此这也就限制了“高控制—高协作”环境治理模式的有效扩散。而相对而言，协作的实现并非难事。对于政府内部部门协作，成立多部门协作小组已经成为地方政府治理环境问题的一项制度化措施；同时伴随着近年来中央政府大力鼓励运用 PPP 模式开展环境治理，探索环境治理的市场化方案，各地开展了大量的环境治理 PPP 项目，并且部分也取得了优秀的治理绩效，政企协作逐步朝着有序、规范化的方向发展；而随着数智化时代的到来，大量的环境治理 APP、小程序已经在各地广泛运用，公众通过动动手指、拍拍照片就能参与到地方政府的环境治理中，帮助政府发现环境治理中各种问题，提出环境治理的有效建议。另一方面，正如前文所说，“高控制—高协作”环境治理模式的难点在于，地方政府不仅要会合理运用控制和协作，更要具备控制和协作共存的思维，有效加以组合运用，发挥两种逻辑的优势。这其中必然面临控制与协作这一对矛盾的逻辑在指导实践中的冲突，因而如何在实践中化解冲突，实现从冲突到融合，这正是“高控制—高协作”环境治理模式在应用上的又一个难点所在，本书将在第 6 章对这一问题加以分析。

虽然说“高控制”限制了有效的环境治理模式的推广，但这并不意味着前文的分析没有价值，对于其他地方政府环境治理没有实质性的指导。

反而，本研究认为，当问题一旦被领导重视，地方政府运用“高控制—高协作”就可以实现环境治理的高绩效。

第三，“高控制—高协作”环境治理模式并非解决环境问题的万能良药。虽然四条组态路径验证了前文理论上的推断，即“高控制—高协作”环境治理模式有利于实现环境治理高绩效，但是，研究结论同样也指明“高控制—高协作”环境治理模式更适合处理棘手程度较高的环境问题。对于棘手程度较低的环境问题，运用传统的运动式治理就可以很好地解决。因此，“高控制—高协作”环境治理模式有其独特的适用情境，地方政府在具体运用的过程中不能盲目借鉴，而应该根据自身环境问题属性而灵活调整控制和协作具体的组合关系。

同时，组态4表明现实中也存在部分地方政府运用了“高控制—高协作”环境治理模式，但未能实现优秀的环境治理绩效。这提示需要警惕模式运用的“工具主义”倾向，随着各地生态环境治理如火如荼地进行，成立协作小组、发起PPP项目、运用各种数智化技术手段对地方政府而言实施起来并非难事，但大量地方政府依旧难以实现优秀的治理绩效。正如部分研究发现，这种联席会议、领导小组开始呈现出“工具主义”的特征，产生了治理的棘轮效应；再如近年来国家进一步强化对PPP项目的管理，规范地方政府PPP模式的运用。不过，这并非意味着“高控制—高协作”环境治理模式没有价值，而是为地方政府敲响了另一个警钟，单纯的模仿一种新的模式、仅仅学习这一模式基本要素是远远不够的，更需要明晰其背后发挥作用的微观路径，避免部分地方政府盲目借鉴而造成环境治理资源的浪费。

4.3.3 “高控制—高协作”模式的未来发展方向

未来的环境治理问题将会更加棘手、复杂，因此地方政府在环境治理中必然会面临更多的挑战。如何应对这些挑战，现有关于环境治理的研究尚未给出更为明确的答案。然而，在组织研究领域，悖论管理已经被组织学者证实是复杂情境下组织实现可持续治理的重要方式。而本章研究发现的“高控制—高协作”环境治理模式，实现了控制和协作的共存，并且推动实现了地方环境治理高绩效。因此，本研究发现进一步拓展了组织悖论的研究边界，将其引入到了地方环境治理的场域之中。

悖论意味着未来的地方环境治理要实现控制逻辑和协作逻辑的长期共存，因此，在督察常态化背景下，地方政府要在两种逻辑之间不断调试。但这并不意味着地方政府必须随时随地保持“高控制”和“高协作”的共存，正如我们前文提到的，领导者的注意力是稀缺的，地方政府并不能够保证领导者会一直将注意力聚焦在某一个环境问题上，这也是不现实的。本章认为，“高控制—高协作”环境治理模式最大的价值在于，它将“控制”和“协作”这两种看起来截然不同的、对立的，但组合在一起又能够迸发出无限潜力的制度逻辑组合了起来，并且这种组合确实实现了环境治理高绩效。因此，这一模式的发现真正将悖论的思维引入了地方环境治理之中，让长期以来受制于控制导向的地方政府看到了协作的重要性，并且这种协作并不会损害控制的权威。

未来在地方政府的环境治理中，控制和协作都将成为地方环境治理中可供选择和搭配的工具集，并且将占据同等重要的地位，根据具体的使用情境，地方政府可以有效选择更合适的治理工具。它可能是控制导向的，也可能是协作导向的，也可能是两者的组合运用，只不过和过去环境治理相比，地方政府已经意识到了另一种工具已然存在，且是非排他式的存在。因此，实现控制和协作双重制度逻辑共存将是“高控制—高协作”环境治理模式的未来发展方向。

本章小结

本章主要对中央生态环保督察下地方环境治理模式进行分析，基于理论分析和组态分析识别了最有利于实现地方环境治理高绩效的“高控制—高协作”环境治理模式。

第一，区分了地方环境治理的四种模式。首先，简要对地方环境治理模式进行概念阐释，并基于悖论的视角重新审视了地方环境治理中控制逻辑和协作逻辑，指出控制逻辑和协作逻辑在地方环境治理中应该是一种共存的关系，基于控制和协作的强弱区分了四种环境治理模式，并指出了每种环境治理模式的具体特征。

第二，进行地方环境治理模式的组态分析。为了更深入地分析控制与协作之间的复杂因果关系，本章基于60个典型案例进行了组态分析，发现了实现地方环境治理高绩效的5条路径，其中4条路径均呈现出“高控制—高协作”环境治理模式的特征，进而对这些路径进行了深入分析。

第三，辨析“高控制—高协作”环境治理模式的价值。经过理论分析和组态分析，本章发现“高控制—高协作”环境治理模式是实现地方环境治理高绩效的主要模式，进一步对这一模式背后的理论意义进行了深入分析，将其同常规模式、动员模式、环境威权主义、协作模式进行了深入比较，指明其对实现地方环境治理高绩效的重要意义，也进一步指出了这一模式的不足之处以及未来发展方向。

第5章

中央生态环保督察下地方环境治理的路径研究

尽管地方政府已经意识到构建多元共治的现代环境治理体系、实现控制和协作的共存对于提升环境治理绩效的重要意义，但现实中地方政府对于实现环境治理绩效的微观过程是什么、各种影响因素如何发挥作用等认识依然是模糊不清的。

不少地方政府在整改中缺乏对有效环境治理过程的理解，往往照葫芦画瓢，甚至照本宣科，难以有效统筹不同治理工具，顾此失彼，导致过程轰轰烈烈，效果难尽如人意。如银川市河东垃圾填埋场在停用后，有关部门疏于管理，导致渗滤液存量激增，威胁着黄河水环境安全。再如上一章 QCA 结果呈现的，玉溪市在推动杞麓湖治理的过程中，同样也运用了“高控制—高协作”环境治理模式，但并未实现优秀的环境治理绩效，被生态环境部通报批评为负面典型。

这些活生生的负面典型案例表明，地方政府在环境治理中不能仅仅追求“形似”，更要做到“神似”。虽然“高控制—高协作”环境治理模式已经被前文证明能够实现优秀的环境治理绩效，但只有进一步挖掘那些实现环境治理高绩效背后更为微观、细节的过程和路径，地方政府在学习和借鉴的过程中才能够运用得更加科学和规范，而不会出现“照猫画虎”“照本宣科”等问题。基于此，本章将从更为微观的视角对中央生态环保督察下地方环境治理的路径进行研究，进而为地方政府提出更为落地、更加行之有效的提升环境治理绩效的治理方案。

具体而言，本章基于“目标—过程—绩效”这一思路开展分析，地方政府的环境治理始终是以目标作为治理起点的，尤其在中央生态环保督察下的地方环境治理，将环保督察指出的环境问题作为整改的目标，以此目标为基础开展环境治理工作。目标能够引导之后的治理过程，科学合理的目标设置和变革对于后续治理过程以及治理绩效的实现具有重要意义。因此，首先，本章从目标演化的视角切入，去分析在“高控制—高协作”环境治理模式中控制和协作是如何驱动治理目标演化的，选择了玉溪市杞麓湖治理和贵阳市南明河治理作为典型案例开展比较案例研究。其次，为了深入挖掘“高控制—高协作”的环境治理模式如何驱动环境治理绩效的实现，本章进一步结合第4章QCA分析的结果，选择6个“高控制—高协作”环境治理模式的典型案例开展案例研究，明晰“高控制—高协作”环境治理模式实现环境治理高绩效的不同路径。

5.1 地方环境治理目标演化机制研究

“十四五”规划指出要推动绿色发展，促进人与自然和谐共生，习近平总书记也在多个场合强调要树立“绿水青山就是金山银山”的理念。在这一生态环境治理新篇章的引领下，地方政府环境治理目标也要发生相应的变革，从过去关注如何解决环境问题、降低污染程度转向如何实现经济发展和环境保护的协同，推动生态环境实现高质量发展。因此，如何帮助地方政府实现科学合理的目标变革就成为一个重要的理论和现实问题。本章以中央生态环保督察期间南明河和杞麓湖治理中的治理目标演化过程为研究对象，这两个案例在组态分析中均在“高控制—高协作”环境治理模式中出现。通过运用比较案例研究的方法，主要回答以下两个研究问题：地方环境治理目标演化的微观过程是什么？是什么因素决定了目标演化会产生方向性的差异？本章所选择的两个案例具有相似的初始目标，但最终形成了截然不同的治理目标，从而为本研究提供了一个从微观角度观察治理目标演化的机会（孙岩和张备，2023）。

5.1.1 地方环境治理目标的理论分析

（1）控制逻辑下的地方环境治理目标。现有关于控制逻辑下地方环境治理目标的研究侧重分析政府部门这一单一主体，目标的确立缺乏多主体的参与和互动。这部分研究主要围绕上下级政府之间的“委托—代理”模型开展，作为委托方的上级政府和作为代理人的下级政府之间会出现目标冲突，上级政府拥有政策目标制定的权力，下级政府则以上级政府制定的政策目标为基础，进行动态调整，从而推动治理任务的开展。但上下级之间的信息不对称也为这种目标的动态调整提供了空间，下级政府往往具有信息优势，了解地方政府治理的细节，因此需要对政策目标进行动态调整和细化，以此来因地制宜地开展政策执行。而上级政府的治理目标确立也往往具有一定程度的模糊性，这也为地方政府因地制宜地调整治理目标提供了便利。

对目标的动态调整虽然有利于地方政府因地制宜地推动政策执行，但也产生了不利的后果。一方面，下级政府并不会按照上级政府确定的政策目标去执行，而是利用信息优势从事符合自身利益的活动，最典型的例子就是地方政府在经济增长与环境保护中的抉择。虽然过去中央政府大力推进环境保护，但地方政府仍然以追求经济增长为核心，环境治理目标往往处于从属地位。只有当中央政府将环境治理作为约束性指标，才会引起地方政府的重视。另一方面，受到压力型体制的影响，治理目标也会随着科层制的向下延伸进而出现“层层加码”的现象，下级政府往往设置自身难以实现的目标，从而造成了治理失败。

（2）协作逻辑下的地方环境治理目标。现有关于协作逻辑下地方环境治理目标的研究主要从协作治理的角度开展，目标的确立往往是多主体共同参与和互动的结果。如 Emerson et al.（2012）在对协作治理进行系统回顾之后，认为协作治理是指人们建设性地跨部门、层级以及公私边界去参与公共政策制定和管理过程，进而实现单一主体所难以实现的公共目标。Bryson et al.（2016）则将目标视为一个系统，包括组织核心目标、共享目标、超越共享目标的公共价值目标、消极避免目标、损害公共价值的目标、非我目标，目标同样也是多主体共同建构的。

但现有研究并未明确指出哪些因素会直接影响协作治理的目标建构，而目标建构主要发生在协作治理的过程之中，因此影响协作治理过程的研究提供了相关理论视角。学者们归纳出协作治理过程的影响因素大致如下：

第一是权力不对称。环境治理问题是一个复杂的、系统的并且技术难度较大的任务，因此需要政府内部各部门、政府与相关环境治理企业和专家进行合作，但各主体之间不对称的权力往往会影响组织的目标建构。根据 Purdy（2012）的研究，权力来源包括权威、资源和话语合法性。具备相应权力的参与者参与到协作治理过程中，但协作主体之间的权力不对称会影响网络的形成以及运转，缺乏诸如资源、声音以及合法性的参与者可能会被排除在协作治理的进程外或者处于协作治理的被支配地位，而占据优势资源的行动者容易操控协作治理网络。如一项关于加拿大水治理的研究指出，强大的能源企业主导了协作治理过程进而产生了低绩效（Brisbois et al.，2019）。学者们也提出了一些缓解权力不对称的策略，如参与主体可以合理评估自己的权力从而灵活运用自己的权力，当然也可以选择作为边缘角色参与进来以实现自身利益。而更为重要的是治理主体是否进行合理分权，合理分权对于缓解权力不对称来说至关重要，但这往往是一个耗时耗力的过程。在政府发起的协作治理中，政府主体是否主动进行分权、开放决策过程对于缓解网络中的权力不对称而言至关重要。总之，当协作治理中的权力不对称程度较高，并且分权机制不畅通时，协作治理目标更容易被强势方主导。

第二是领导力。领导力是协作治理的一个核心要素，其在协作治理的各个阶段都发挥重要作用，因此也会影响目标建构。领导力是指在协作治理中帮助建立协作治理网络和协调治理资源所表现出来的能力，这类领导者既包括政府部门的领导，也包括非政府部门的领导。由于治理问题的复杂性，各个主体之间存在着信息差异、资源差异、目标分歧等诸多阻碍主体间协作的因素，往往面临着高昂的交易成本、存在诸多不确定因素，而高效领导力的存在能够推动各方互相理解、增进信任水平，为各方平等参与以及交流提供机会，进而创造共识。

第三是激励。当参与协作有利于自身利益的实现时会激励利益相关者参与到协作治理过程中，同样地，当共同目标符合自身利益时才会得到治理主体的支持。随着近年来中央政府逐渐加大了对生态环境的重视，列入官员考核指标、将其作为政治任务等，优秀的环境治理绩效对于政府而言具有重要的意义。中央政府一方面通过加大财政预算、专项转移支付等，为地方政府及相关企业参与环境治理提供了资金支持以及资金优惠。另一方面出台了大量的政策文件以及制度措施以鼓励社会主体参与环境治理，同时开展了大量的生态环境治理试点工作，通过试点的方式鼓励地方环境治理创新。通过经济、政策等的激励，提升了地方政府积极创新生态环境治理方式的意愿，促进企业等相关利益主体积极参与到环境治理中，进而推动环境治理目标不断向高质量、可持续的方向发展。

第四是协作历史。先前的合作经验有利于形成组织间的依赖性进而推动治理网络的形成，合作经验丰富的组织降低了继续协作的成本，组织之间具有较高的信任水平进而为下次合作奠定基础。同时先前的合作经验有利于培育组织之间的共同期望，推动组织间的目标协调，进而推动协作治理绩效的实现。

第五是不确定性。棘手的环境问题增加了组织解决问题的不确定性，因此需要多部门之间的协作进而去推动问题的解决。相比于目标清晰、明确的驯良问题，通过技术手段可以很好解决，而棘手问题往往涉及更多的利益相关者，缺乏行之有效的解决方案。通过问题的复杂性以及参与者的复杂程度，Alford and Head（2017）区分了由驯良问题到极度棘手问题共九种问题。问题棘手程度越高，治理面临着越高的不确定性，往往难以确立有效的治理目标。

（3）现有研究的不足。基于控制逻辑和协作逻辑，现有研究均对地方环境治理目标进行了探讨，但依然存在如下不足：首先，缺乏对双重制度逻辑如何共同影响治理目标的研究。正如前文分析提到的，双重制度逻辑共存对于实现环境治理绩效具有重要价值，但双重制度逻辑如何影响治理目标，现有研究较少关注。其次，地方环境治理的外部情境已然发生了变化，呼吁地方政府实现治理目标的合理变革，但现有研究侧重于分析目标是如何确立和执行的，难以清晰阐释目标是如何演化的以及如何实现有效的目标变革。基于此，本章将通过比较案例研究去解决这一研究问题。

5.1.2　研究设计

根据研究问题选择运用案例研究的方法，主要原因在于：首先，已有研究难以清晰解释治理目标演化的微观过程，所以，这一新兴的研究领域需要通过归纳式理论建构的方式进行探索。其次，本章的核心关注点在于“治理目标演化的微观过程是什么”，属于典型的“how”（怎么办）的研究问题，因此非常适合运用案例研究这一研究方法。最后，本章采用了两个案例比较研究的研究设计，遵循了“差别复制”的原则，选择两个相反的案例，对案例间的相似性和差异性进行系统比较。通过将研究置于不同的情境下，为构建理论提供了全面的描述和深层次的解释，进而实现对研究问题的探索，也可以提升案例研究结论的外部效度。

1. 案例选择

本研究选取了贵阳市南明河治理和玉溪市杞麓湖治理两个案例开展比较研究，原因在于：

首先，两者均具有典型性。贵阳市南明河治理被生态环境部作为水环境治理的典型优秀案例加以推广，治理经验多次被《人民日报》、新华社等官方媒体报道，其治理实践创下多个全国第一，如第一个建设分布式下沉污水处理生态系统、第一个在水环境治理先行先试 PPP 项目等。在玉溪市杞麓湖治理中，地方政府为了应付督察的考核，修建了治标不治本的“三大工程”，是被生态环境部多次通报批评的典型失败案例，云南省纪委监委制作专题视频《杞麓湖的呐喊》以向各级政府警示。

其次，具有丰富的数据来源。贵阳市南明河治理作为典型优秀案例得到了政府官方以及主流媒体的大量报道，玉溪市杞麓湖治理作为警示案例其各项治理微观细节均可从纪委监委、政府网站中查询。并且，中央生态环保督察以及地方政府为了起到示范和警示作用，对相关政府官员、企业进行了大量的深度访谈，形成了公开的视频和文献资料。

最后，遵循聚焦和极化类型原则。聚焦原则体现在两个案例均为第 4 章组态分析路径 4 中的案例，均呈现出了“高控制—高协作”环境治理模式。并且南明河和杞麓湖为当地的母亲河和母亲湖，当地居民对其持有强烈的归属感，有长期治理的历史。同时，将案例研究的时间区间设置在第一轮中央生态环保督察到第二轮中央生态环保督察期间，两个案例均在第一轮中央生态督察中被明确指出存在较为严重的环境污染问题，因此两个案例的初始目标非常相似，于是就可以控制相关因素的影响，从而将研究的注意力放置于探究环境治理目标演化的微观过程。极化类型原则体现在，在中央生态环保督察期间，两地产生了截然不同的治理目标，进而通过对比研究，能够探寻出目标演化差异背后所呈现的过程和规律。

2. 数据收集

本研究的数据来源主要为两地的政府官网、主流媒体报道、生态环境部网站以及相关文献，搜集到的资料包括政策文件、官方报道、访谈资料等。由于两个案例是生态环境部主推的典型案例，中央生态环保督察以及地方政府为了起到示范和警示作用，发布了大量关于环境治理的相关信息。其中，由云南省纪委监委制作的《杞麓湖的呐喊》专题视频，对环保督察期间参与杞麓湖治理的相关人员进行了深度的访谈，包括行政部门和党委部门的核心负责人、参与治理的企业负责人、大学和研究院的专家、环境治理领域的知名学者和教授；南明河治理也具有大量公开的视频和文献资料，具有极高的分析价值。虽然均为二手数据，但资料的质量、可信度以及丰富程度较高，适合回答本研究的问题。相关资料如表5-1所示。

表5-1　主要资料来源

数据类型	具体类型	具体资料	数据来源
文件类	中央生态环保督察公布的相关文件、地方政府治理相关文件、政企合作文件	《中央第七环境保护督察组向云南省反馈督察情况》 《杞麓湖流域水环境保护治理“十三五”规划（2016—2020）》 《贵阳市人民政府办公厅关于印发2021年贵阳市南明河治理巩固工作方案的通知》 ……	北大法宝、生态环境部网站、各地政府官网、财政部PPP项目数据库、企业官网等

（续）

数据类型	具体类型	具体资料	数据来源
报道类	中央、地方官方媒体对治理环境问题的报道	边治理边污染、云南杞麓湖陷生态环境保护困境（《光明日报》） 贵阳采取“加减乘除”四举措治理南明河（《贵阳日报》） ……	中国知网报纸数据库、各大报纸官方网站等
访谈类	官方媒体对参与治理的政府官员、企业、公民等的访谈和报道	《杞麓湖的呐喊》（共7集），约150分钟（云南省纪委监委） 算好生态账，不负山与人（《焦点访谈》） ……	官方网站、官方媒体报道等

3. 质性资料分析与编码

本研究遵循规范的质性资料分析流程（Eury et al.，2018；Gioia et al.，2013），编码过程由两位作者共同参与，对于有歧义的地方进行探讨同时也参考一些专家的意见，最终达到一致性，编码工具采用NVivo 11软件。考虑到研究案例的特殊情境，对中央生态环保督察以及政府治理目标的相关文献进行深入阅读，使得对整个研究有一定的整体把握。在此基础上对搜集到的官方报道、政策文件以及访谈视频资料进行多轮编码，期间也撰写了大量备忘录，在持续不断的资料阅读中，这些编码不断扩充，同时也指导着后续理论抽样的过程。多次重复这一过程，直到达到饱和：编码足够丰富以至于解释事件全貌，重复抽样不会产生新的概念。具体过程如下：

首先，在最初编码阶段，不去确定明确的研究主题，因此大量的编码涌现出来，通过详细地类比和归纳，将这些编码进一步合并，最终得到了28个一阶概念。

其次，基于理论对这些构念进行深入思考，重点关注那些最频繁、最重要的构念，将其抽象化为二阶主题。如“记忆中的景象”“我们的母亲河”这些概念代表着河湖对于当地居民的重要价值，运用“符号”的概念去命名。这个过程同样由两个编码者不断进行深入探讨，并同已有的理论进行反复比较。

最后，将这些二阶主题聚合为聚合构念，形成了三级数据结构图（如图5-1所示）。然而，这一数据结构图只是一个个静态的“照片”，并不能揭示其背后的动态过程以及机制（王凤彬和张雪，2022）。因此，在构建理论框架的过程中，通过与现有理论进行探讨、遵循客观时序等方法进一步明确不同理论维度之间的箭头关系，如“阶段性绩效”影响“目标重塑”的过程是通过“降维”问题和“回应”压力进行的，本研究将这一过程归纳为“外反馈”。

5.1.3 案例分析

在具体分析前，本研究首先对案例的关键事件和关键时间节点进行梳理，整体而言，两个案例呈现对称结构。在杞麓湖治理中，2016年7月督察进驻云南省指出杞麓湖存在的环境问题，2017年4月根据督察整改方案地方政府提出了杞麓湖未来的治理目标。在治理进程中治理目标不断演化，从2019年底开始，玉溪市和通海县政府开始将治理目标转变为如何应付督察考核。在随后的2020年期间，上马了“柔性围隔工程”“湖心延伸管道”“水质提升站”三大治标不治本的工程，耗资巨大，在2021年4月被中央生态环保督察通报批评。在南明河治理中，2017年5月督察进驻贵州省指出南明河存在的污染问题，2017年10月和2018年9月贵阳市政府相继提出了南明河接下来的治理目标，随后发起了多个PPP项目。在治理进程中治理目标不断演化，逐渐开始关注如何实现南明河的长效治理，最终2021年1月被生态环境部通报为典型的优秀治理案例。

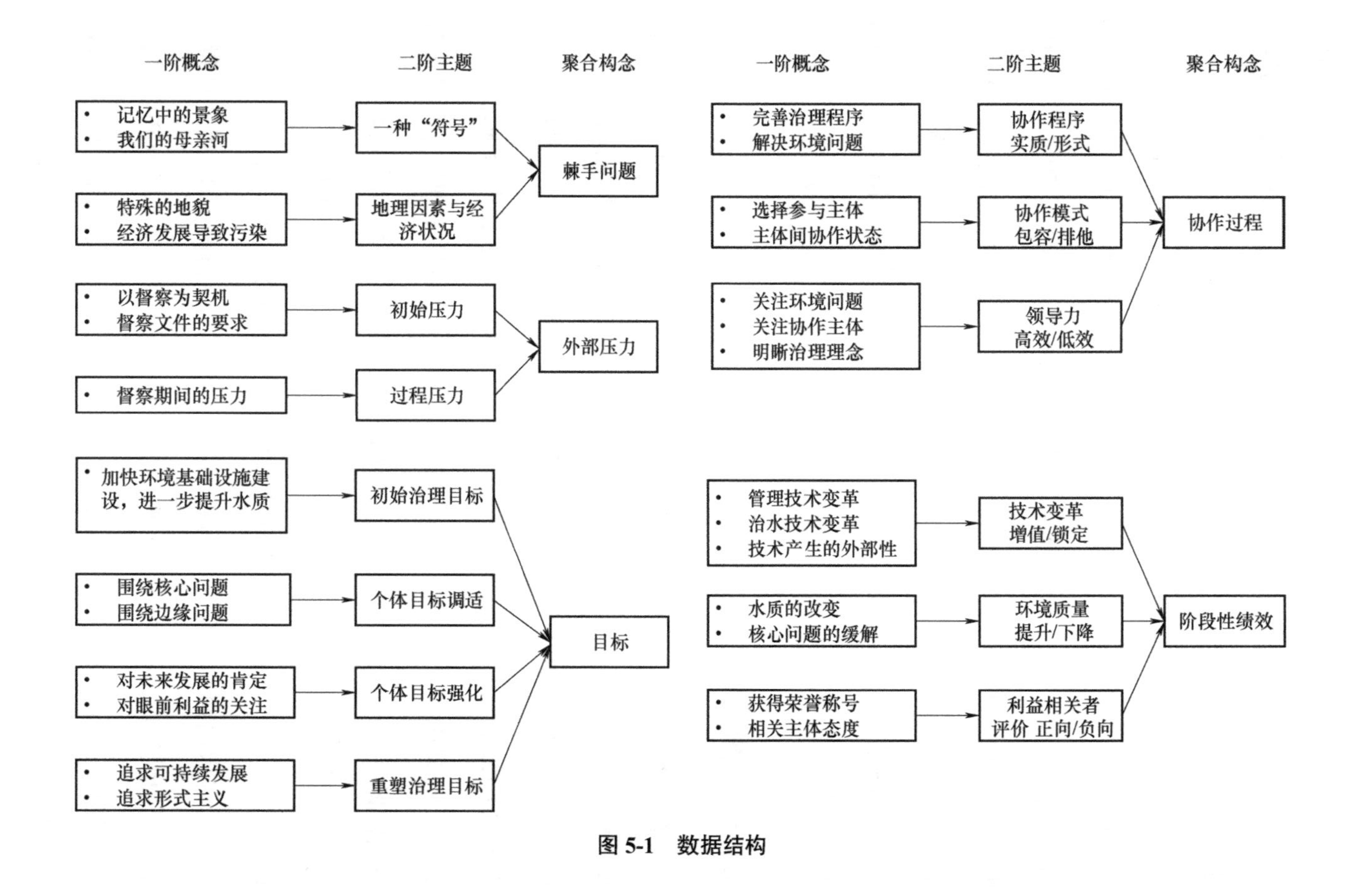
一阶概念
二阶主题
聚合构念
记忆中的景象
我们的母亲河
一种“符号”
特殊的地貌
经济发展导致污染
地理因素与经济状况
棘手问题
以督察为契机
督察文件的要求
初始压力
督察期间的压力
过程压力
外部压力
加快环境基础设施建设，进一步提升水质
初始治理目标
围绕核心问题
围绕边缘问题
个体目标调适
对未来发展的肯定
对眼前利益的关注
个体目标强化
追求可持续发展
追求形式主义
重塑治理目标
目标
一阶概念
二阶主题
聚合构念
完善治理程序
解决环境问题
协作程序
实质/形式
选择参与主体
主体间协作状态
协作模式
包容/排他
关注环境问题
关注协作主体
明晰治理理念
领导力
高效/低效
协作过程
管理技术变革
治水技术变革
技术产生的外部性
技术变革
增值/锁定
水质的改变
核心问题的缓解
环境质量
提升/下降
获得荣誉称号
相关主体态度
利益相关者
评价 正向/负向
阶段性绩效

图 5-1 数据结构

在不同的目标指引下，两地产生了截然不同的治理绩效。贵阳市在南明河治理过程中新建了大量污水处理设施，首创了国际最前沿的分布式下沉再生水生态系统。在多部门的通力协作下，南明河水质不断提升，中心城区由最初的劣Ⅴ类水质变为如今的稳定在Ⅳ水质，部分地区能够达到Ⅲ类水质。同时，水生态系统也得到了较好的恢复，真正实现了“水清岸绿、鱼翔浅底”。而玉溪市在杞麓湖治理中，也新建了大量污水处理设施，如“三大工程”，水质也实现了短暂提升，达到了Ⅴ类水质，但只是在考核期内临时完成了治理任务，而随着考核时间点过去后，水质又降低到了劣Ⅴ类。

1. 棘手问题、初始压力与初始治理目标

（1）棘手问题。凭借其悠久的历史以及独特的自然景观，南明河和杞麓湖均被当地居民视为“母亲河”“母亲湖”，在当地居民心中成为一种具有特殊意义的“符号”。然而，随着经济的快速发展、生产方式的快速变革，大量污水涌入河湖，给河湖环境造成了巨大的影响。南明河的治理问题可以大致归结为两个方面：一是特殊的地理环境（如喀斯特地貌）所带来的污水处理难度增加，二是持续不断的经济增长所带来的大量“缺水”以及“污水”问题。杞麓湖的治理问题则主要是由当地的核心产业蔬菜种植业造成的，农业污染是入湖污染物的主要来源。

对于两地而言，彻底解决这一问题需要不断调整产业结构，与各方利益相关者进行协商，同时积极创新治污技术，从而提升水质。依据DeFries and Nagendra（2017）的观点，随着人类无序的发展导致生态环境问题的棘手程度日益增加，难以单纯通过技术手段去有效解决此类问题。因此，两地都面临着棘手的水环境问题。

（2）初始压力。当然，出于经济发展的考虑，棘手的环境问题本身并不能够带来治理主体的重视。为了扭转地方政府环境治理惰性，中央政府运用了大量自上而下的、强制的、运动式的方式去引导地方政府关注环境问题，推动环境问题的解决。在此背景下中央生态环保督察应运而生，成为近年来影响地方环境治理的重要制度措施之一。从两个案例中可以发现，两地均以中央生态环保督察为契机开启整改工作，中央生态环保督察所传递的外部压力有效地影响了两地政府的环境治理行为，如在两地发布的大量文件中均出现以“中央生态环保督察反馈问题整改为契机”“依据督查组提出的问题”等。受到中央生态环保督察制度规范的要求，两省均出台了督察整改方案，推动环境问题的解决。

（3）初始治理目标。在棘手的环境问题以及环保督察所给予的外部压力影响下，两地政府设置了较为相似的初始治理目标，进而发起涵盖政府、企业、公民共同参与的协作治理网络以解决环保督察所提出的环境问题。据中央第七环境保护督察组向贵州省和云南省反馈督察情况显示，贵阳市存在严重的污水直排南明河问题，流经市区后南明河水质由Ⅱ类降为劣Ⅴ类。杞麓湖地区农业面源污染严重、工程建设滞后、水质为劣Ⅴ类。以此为契机，两地政府围绕着环保督察指出的环境治理任务作为治理的初始目标，两地的初始治理目标可以概括为：加强环境基础设施建设，进一步提升水质。

由此提出命题 1：初始治理目标的确立是政府主体选择的结果，受到棘手问题和外部压力的影响。这一部分的代表性数据示例如表 5-2 所示。

表 5-2 代表性数据示例

聚合构念	二阶主题	一阶概念	相关引文（示例）
棘手问题	一种“符号”	记忆中的景象	● 贵阳南明河畔翠微园 500 多年前的风貌与情韵，令人悠然神往 ● “听我奶奶讲，杞麓湖的海菜花在她们小时候很常见，可是到了我的父母辈就已经绝迹”（群众）

（续）

聚合构念	二阶主题	一阶概念	相关引文（示例）
棘手问题	一种“符号”	母亲河/湖	● 南明河是贵阳市的母亲河 ● 玉溪市通海县的母亲湖，不仅有重要的生态价值，也具有重要的人文价值
	地理因素与经济状况	特殊的地貌	● 贵阳属于典型的喀斯特地貌，山多地少，土地资源稀缺，在中心城区建设污水处理厂选址难、拆迁难 ● 杞麓湖位于云南省玉溪市通海县境内，是云南九大高原湖泊之一
		经济发展导致污染	● 一段时期以来，随着工业化、城市化快速推进，南明河流域生态“欠账”增多，水质恶化、污染严重，中心城区段水质长期处于劣Ⅴ类 ● 随着经济社会发展，杞麓湖生态环境恶化，湖水水质一度跌入了劣Ⅴ类，水治理压力巨大
外部压力	初始压力	以督察为契机	● 贵阳市以中央生态环保督察整改为契机 ● 针对中央生态环保督察组提出的杞麓湖治理项目推进滞后问题
		督察文件的要求	● 确保中央生态环保督察涉及贵阳市水环境治理事项的及时整改，切实解决贵阳市南明河水环境治理提升的问题 ● 2016年第一轮中央生态环保督察就指出玉溪通海县四街、纳古、杨广镇生活污水污染杞麓湖问题，要求当地加快第二污水处理厂建设，尽早投运
	过程压力	督察期间的压力	● 整改目标：完成六广门、贵医、金阳三期污水处理厂建设，并通水运行，大幅减少污水直排量，确保南明河水质持续改善；规范设置地表水自动监测点位，确保真实反映南明河水质状况 ● “你们不是选址、地基、资金问题，关键还是认识不到位、担当不够的问题，是思想上、意识上、站位上出了问题”（生态环境部官员）
目标	初始治理目标	加快环境基础设施建设，进一步提升水质	● 以实现“治臭变清”为导向，以治标为急所 ● 认真落实入湖河道段长制，严格控制入湖污染物，推进杞麓湖国家湿地公园建设，积极推进前置湿地、标桩离界、生态维护通道二期建设

2. 协作过程与个体目标调适

对于两地而言，由于初始治理目标是政府主体确立的，因此在后续与多主体协作过程中往往会存在较为严重的主体间目标冲突问题，即这一初始目标与各个主体的目标不一致。随着协作治理进程的推进，不同主体会进一步进行目标调适，从而明确自身核心目标。本研究发现这一影响目标调适的协作过程包含三个具体要素：协作程序（实质 / 形式）、协作模式（包容 / 排他）以及领导力（高效 / 低效）。协作程序是推动多主体协作的相关政策工具和制度安排，协作模式则是多主体形成的协作网络所呈现的独特的结构以及特征，领导力则是网络中领导发挥的作用。

（1）协作程序：实质 VS 形式。在初始治理目标引导下，贵阳市政府出台了大量的政策文件去推动南明河治理工作。在“完善治理程序”上，一方面，贵阳市政府通过明确地分解治理子目标，划定治理的责任主体，实现对环境问题治理责任的精准分解；在此基础上，不断优化管理制度，完善和出台相关制度措施，建立了生态补偿和考核机制，配合着监督问责机制，使得治理过程更加精细和严格。另一方面，贵阳市政府积极创新治理机制。在整改期间贵阳市政府大量引入了 PPP 模式进行环境治理，相应地政府为 PPP 项目有效落地以及运营提供了大量的支持，包括主要领导视察项目、出台政策文件明确规定政府在项目建设中的作用等，从而构建了较为完善的项目管理体系。同时，贵阳市积极为公民和志愿者提供制度化的、便捷的参与渠道。在“解决环境问题”上，贵阳市政府采取了搬迁污染企业、加强生态环境监测和巡查力度、加大对违规行为的惩处力度、不断完善检测设施等政策工具去治理南明河问题。

反观杞麓湖治理，在初始治理目标引导下，玉溪市和通海县也开展了大量治理工作。在“完善治理程序”上，地方政府也出台了大量的政策文件去推动杞麓湖的治理，进一步完善河湖长制度，配合建立了部门联动执法机制，牵头成立了“杞麓湖生态修复研究中心”，治理中也运用了PPP模式。在“解决环境问题”上，包括搬迁相关企业、加大执法力度以及对违规行为的惩罚力度、发起“清河行动”“雷霆行动”等多项专项行动、分阶段进行湖体打捞工作等都得到了运用。然而，在具体的决策中，政府部门并未认真吸纳各方意见，或是不按照规定程序进行决策，或是重程序、走过场，导致一系列成熟规范的制度安排难以发挥其应有的价值，反而带来了一系列问题。如虽然申请到了大量治理资金，但真正落实到一线治理的却严重不足。在杞麓湖的治理中，通海县连续三年未预算和拨付杞麓湖治理资金，玉溪市2018—2019年仅预算10万元用于杞麓湖治理且实际并未拨付，省以上的专项治理资金实际拨付率仅为8.24%；同时，地方政府强行变更工程实施主体，相关核心工程的建设进展缓慢且难以真正提升水质；能够短期改善水质、提升政绩的项目得到地方政府的积极推进，但治理起来费时费力的农业面源污染问题却迟迟得不到解决。

（2）协作模式：包容VS排他。在南明河治理中整体呈现一种政府、企业、公民等利益相关者之间的良性互动的状态。为了破解政府内部部门分割、“九龙治水”、上下分治的局面，贵阳市出台相关政策，明确了各主体之间的职责分工以及部门之间的协作范围和程度，牵头成立南明河指挥部，负责统一协调和调度。此外，贵阳市在南明河治理中积极与中国水环境集团、中国节能环保集团等知名企业合作，这些企业技术先进、资金雄厚、管理能力强，中国水环境集团首创的分布式下沉污水处理技术、中国节能环保集团在全国率先建立的超大型综合体深基坑地埋式再生水厂，使非政府主体具备了技术优势以及在水环境治理领域的强合法性。同时，贵阳市政府也主动放权，积极同企业进行协商，政府、企业以及专家进行了长期的调研，非政府行动者参与到了政策前期规划阶段。贵阳市形成了一种“不做旁观者，要做参与者”的氛围，积极动员群众、志愿者不断参与到治理中，先后发起了“行走南明河”等多项行动。可见，在南明河治理中，各主体处于相对平等的地位，并且贵阳市政府建立了较完备的跨部门、跨层级、跨边界的协作体系，动员多方力量有效参与协作，网络呈现一种包容模式。

而在杞麓湖治理中，虽然多方主体均参与到了杞麓湖治理中，但这一协作模式具有典型的排他性特征。首先，网络呈现密闭性，参与网络的不同行动者之间形成了紧密的关系网络。例如，专家内部之间具有特定的“小圈子”，相关企业与政府官员之间也存在利益输送关系，由此可以发现，网络存在明显的排外特征。其次，网络为特定利益服务。参与治理的企业为了实现自身利益往往与政府官员进行合谋，参与治理的专家为了谋取自身利益，会迎合政府、企业的不合理要求，而政府部门为了提升水质则进一步调动各部门共同参与到造假进程中，如部分专家指出自己并未深入了解项目建设的核心内容。最后，网络中权力不对称程度较高。地方政府在网络中处于绝对主导地位，单方面控制了网络的运转，相关项目的决策、规划、审批、建设、施工等均受到政府部门的主导，参与治理的专家也表示：“提前已经上过他们党组会了，专家签不签字，这个项目其实已然立项了。”

（3）领导力：高效 VS 低效。南明河问题在中央生态环保督察期间一直都是政府关注的重要议题，2016 年贵州省委书记和省长亲自调研南明河治理项目，2018 年省委书记亲自巡河和调研，凸显着省级领导对南明河治理的重视。同时在南明河治理中成立了市委书记和市长亲自领导的综合指挥部，推动政府内部各部门以及政府与社会资本之间的合作。各级领导坚持贯彻落实习近平生态文明思想，始终将南明河治理问题作为一个“政治问题”和“人民问题”，把持着“发展”和“生态”这两条底线。因此，在南明河治理中整体呈现出一种高效的领导力。

而杞麓湖治理问题刚开始并未得到玉溪市政府领导的足够重视，地方政府存在盲目乐观的心理，一直未将农业面源污染问题作为治理的核心问题，直到2020年才召开第一次专题会议进行研究，并且参与杞麓湖治理的核心领导表示：“觉得不用太多努力就能达到目标”“对三湖的保护治理都是说在嘴上”。此外，玉溪市地方核心领导也长期与企业存在不正当的利益关系，借助项目实施来寻租。因此，在杞麓湖治理中，领导存在严重的政绩观扭曲、形式主义的问题，上级领导的心思不正也进一步影响了下级各部门和通海县的治理理念，各种项目的违规建设实际上得到了上级领导的认可。

（4）个体目标调适。个体目标调适是指参与协作的不同主体不断将个体目标与初始治理目标协同的过程，各个主体往往在协作过程中发生频繁的互动，从而进一步推动目标调适。并且，在治理过程中，政府确立的初始治理目标成为指导各主体参与协作的共同协作目标。本研究认为，影响各主体目标调适的协作过程具体包括：协作程序、协作模式和领导力三个要素，其中“实质程序”“包容模式”以及“高效领导力”为各主体不断与政府主体进行信息交流提供了制度空间。各主体能够真正平等地参与到协作治理进程中，表达自身的利益诉求，使得各主体能够共同关注环境问题，为解决“核心问题”而发力，实现了个体目标与初始治理目标的协同。而“形式程序”“排他模式”以及“低效领导力”往往限制了各主体平等的参与机会，进一步固化已有的协作网络，导致相关主体往往围绕自身利益去协作，关注“边缘问题”，难以实现个体目标与初始治理目标的协同。

由此提出命题 2：协作程序、协作模式以及领导力是影响个体目标调适的核心要素，推动个体目标与政府确定的治理目标的协同。这一部分的代表性数据示例如表 5-3 所示。

表 5-3　代表性数据示例

聚合构念	二阶主题	一阶概念	相关引文
协作过程	协作程序：实质 / 形式	完善治理程序	• 开展环保、水务、住建、城管等部门联动执法 • 开启了有组织的、多部门、多单位、多企业共同参与的造假活动（云南日报）
		解决环境问题	• 加强污水进沟的许可审查。禁止清水排入截污沟，禁止雨水管接入截污沟
			• 全县蔬菜和植面积不降反升（云南日报）
	协作模式：包容 / 排他	选择参与主体	• 由节能环保领域规模大、实力强的企业中国节能环保集团有限公司（简称中国节能）承建并负责运营 • “在招标以前就已经安排 ××× 去采购、预订这些材料，想让他尽快得手”（政府官员）
		主体间的协作状态	• 多年来，贵阳市发动近万名环保志愿者和市民开展“行走南明河”“保护母亲河”等活动，凝聚起共建共治共享的管理合力
			• “所谓的专家吧，我觉得无非就是更多的是在利益面前，谁给的利益多他就帮谁说话”（企业负责人）
	领导力：高效 / 低效	关注环境问题	• 市委书记、市长挂帅，组建南明河除臭变清攻坚工作领导小组 • “面对这么一个严峻的农业面源污染形势，通海县委县政府确实有畏难情绪”（政府官员）
		关注协作主体	• 深入一线调研指导，协调解决工作中遇到的困难和问题 • “我每一次在湖边，就是走一走、看一看，看看工程”（政府官员）

（续）

聚合构念	二阶主题	一阶概念	相关引文
协作过程	领导力：高效/低效	明晰治理理念	● 推动生态优势转化为发展优势，把建设生态文明的过程变成为百姓谋福祉的过程，不断提升人民群众获得感、幸福感、安全感 ● “表面上是一个环境污染、生态污染问题，其实折射出来的是我们的政治生态污染问题”（政府官员）
目标	个体目标调适	围绕核心问题	● “根据当初的设计，南明河水环境治理系统提升工程治理的具体目标和任务为……实现水环境全面提升”（企业负责人）
		围绕边缘问题	● 调查研究不充分，工作方法单一，回避征地拆迁等问题

3. 阶段性绩效的内反馈与个体目标强化

阶段性绩效是协作过程的中间结果，绩效往往会对协作产生反馈效应，从而强化治理主体对个体目标和政府确立的初始治理目标的认知。本章发现了阶段性绩效包括：技术变革（增值/锁定）、环境质量（提升/下降）和利益相关者评价（正向/负向）三个维度。

（1）南明河治理的阶段性绩效。在南明河治理中，阶段性绩效具体表现为“技术增值”“环境质量提升”和“利益相关者正向评价”。技术增值是指通过协作过程进而实现了技术创新，这一发现也得到了现有研究的支持，如 Torfing et al.（2020）发现制度设计和领导力的有效匹配能够带来协作创新。

在南明河治理中技术增值主要体现在三个方面：管理技术创新、治水技术创新以及技术所带来的社会经济价值。首先，贵阳市依托大数据平台，建立了特有的河湖大数据管理信息系统，同时开发了“河长 APP”“百姓拍 APP”等，通过技术创新，使得河流治理信息可以随时随地进行互联互动，监测手段也通过信息系统得以电子化，这些管理手段的技术创新极大程度降低了河流的治理难度。其次，引入知名企业参与环境治理，在环境基础设施建设领域也催生了大量的技术创新，中国水环境集团在南明河治理中研发了分布式下沉再生水生态系统；中国节能环保集团在全国率先建设超大型综合体深基坑地埋式再生水厂，这些水务领域的突破性创新为破解城市内河治理难题提供了坚实的技术支撑。最后，得益于技术创新，贵阳市将再生水厂和文化资源、商业资源进行了有效结合，形成了融合生产、公共和商业服务的创新模式，进一步放大了技术进步的外部效应，催生了公共价值，实现了生态价值、文化价值和商业价值的有机统一。

良好的协作过程以及技术增值使得南明河“环境质量不断提升”，南明河流域的黑臭水体得以全部消除，水质不断提升、水生态系统也得到恢复，“除臭变清”目标已经基本实现。同时，随着环境质量的提升，也进一步推动了当地农业、旅游业以及经济的整体发展。南明河治理也获得了大量的荣誉，其特有的治理模式、治理技术等荣获多项全国第一，并在全国范围内被推广，得到了上级政府、企业、人民、媒体的认可，获得了“利益相关者正向评价”。

（2）杞麓湖治理的阶段性绩效。在杞麓湖治理中，阶段性绩效具体表现为“技术锁定”“环境质量下降”和“利益相关者负向评价”。杞麓湖治理中也探索出了相应技术，如“以渔净水”生态治理项目取得了显著的治理成效、分阶段打捞技术有效适应了杞麓湖的水质状况、产业园区内建设巨型发酵池能够将农业废料进行二次加工实现商业价值。然而，这些技术手段往往只能产生短期的治理绩效，迎合地方政府的短期政绩需要，而并不能解决农业面源污染这一核心问题。对于能够有效解决问题的核心工程，不但建设严重滞后，而且存在严重质量问题，建成后也并不具备降污和治污的功能。并且受制于核心治水技术能力的不足，政府官员只能临时“抱佛脚”，不断上马治标不治本的工程。所以，杞麓湖的技术变革整体上呈现一种“技术锁定”的状态。

因此，在整个治理期间，杞麓湖水质虽然偶有提升，但整体而言呈下降趋势，污水直排问题并未得到有效解决，农业种植面积不降反增，农业面源污染问题依旧严峻，“环境质量不断下降”。尽管在治理期间杞麓湖成功获批了“国家湿地公园”“以渔净水”等项目，但相关环境问题一直被居民举报。由于相关工程建设滞后、水质不断恶化而被生态环境部领导现场督察，被中央生态环保督察“回头看”视为典型负面案例。因此，杞麓湖治理整体呈现出“利益相关者负向评价”。

（3）个体目标强化。个体目标强化是治理主体加深了对个体和政府确立的目标的认知。“技术增值”“环境质量提升”和“利益相关者正向评价”使得治理主体得到了对政府确定的治理目标认同的正向反馈，从而进一步强化自身对现有目标的认同，同时会在此基础上进一步更新对个体目标的认知，以期实现未来可持续性的绩效反馈。而“技术锁定”“环境质量下降”和“利益相关者负向评价”表现为一种负向绩效，会加剧治理主体对政府确立的治理目标的怀疑，转而强化对自身利益、眼前利益的诉求，关注如何通过协作来尽快实现自身目标，治理网络呈现出“工具主义”特征。

由此提出命题3：阶段性绩效通过“技术变革”“环境质量”和“利益相关者评价”三个方面对协作主体产生内反馈，推动个体目标的强化。这一部分的代表性数据示例如表5-4所示。

表 5-4　代表性数据示例

聚合构念	二阶主题	一阶概念	相关引文
阶段性绩效	技术变革：增值 / 锁定	管理技术变革	• 2022 年 1 月，该局在已建成 7 套水务信息化系统的基础上，与知名人工智能企业科大讯飞展开合作，共建贵阳市智慧水务建设（一期）项目 • 环湖截污工程的建设目标和实际运行情况形成强烈对比，建而不管的问题突出
		治水技术变革	• 在全国率先建设超大型综合体深基坑地埋式再生水厂 • “以渔净水”生态修复项目，通过人工放养鲢、鳙等滤食性鱼类，消耗水体中藻类，从而进行水质治理
		技术产生的外部性	• 实现了生态价值、经济价值、社会价值最大化 • 环湖截污工程实际上成为旱季“藏污纳垢”、雨季“零存整取”的摆设
	环境质量：提升 / 下降	水质的改变	• 陆续攻克了一批历史顽疾，有效解决了南明河核心段淤积重、水变黑、臭味浓等突出问题 • 但 2018 年以来，杞麓湖水质恶化趋势依然较为明显
		核心问题的缓解	• 河流沿线的景区也随着河流的“换颜”增添了更多的人气、商气、财气 • 全县蔬菜种植面积不降反升，由 2018 年的 34.5 万亩逐年增加至 2020 年的 35.3 万亩
	利益相关者评价：正向 / 负向	获得荣誉称号	• 连续 4 年荣获“中国最佳表现城市”称号 • 正式成为国家湿地公园
		相关主体的态度	• “记忆中的那条河又回来了”（群众） • “因为我之前去逛过，确实里面有很多污染，远处虽然很好看，但是近看污染确实蛮吓人的”（群众）
目标	个体目标强化	对未来发展的肯定	• “我认为地下污水处理厂一定是大中型城市相关设施建设未来的发展方向，未来下沉式再生水厂将在水环境治理方面发挥更加显著的作用”（企业负责人）

（续）

聚合构念	二阶主题	一阶概念	相关引文
目标	个体目标强化	对眼前利益的关注	•“我们觉得这个水质一天天地恶化，水位一天天地下降，又没有水去补，那怎么办呢，着急，一着急就会犯错，就觉得这个水会不会死掉，臭掉，怎么办呢，就是赶快上”（政府官员）
	重塑治理目标	追求可持续性	•巩固南明河水环境治理成效，进一步实现南明河长效管理，打造南明河“水清、岸绿、景美”的水生态
		追求形式主义	•“我们是为了应对国家和省上的考核”（政府官员）

4. 阶段性绩效外反馈与治理目标重塑

得益于“技术增值”，城市内河治理问题有了更加科学的解决方案，使得南明河治理问题从一个“棘手问题”转变为一个可以通过技术手段解决的“驯良问题”，实现了对“棘手问题”的降维。正如相关政府官员说：“我们把污水处理厂修到地底，上面再修停车场，地面是商业楼房、公园、科技馆或者体育场等。污水处理厂和老百姓零距离，这在过去是不可想象的。”同时，得益于“环境质量的提升”以及“利益相关者正向评价”，贵阳市政府获得了多项荣誉，南明河治理入选了第一批流域水环境综合治理与可持续发展试点，中国水环境集团贵阳市南明河流域污水处理系统智慧管控平台入选了《2021年智慧水务典型案例清单》等，贵阳市也连续多年荣获“中国最佳表现城市”称号，连续多次蝉联全国文明城市，贵阳市政府所面临的外部压力逐渐降低。因此，阶段性绩效外反馈使得贵阳市政府面临的环境问题的棘手程度和外部压力均下降。

而在杞麓湖治理中，技术锁定导致污染问题并未从根本上解决，农业面源污染问题依旧严峻，持续不断的水质下降以及负面评价进一步加剧了外部的压力。在“回头看”期间，因第二污水处理厂7年未建成被生态环境部通报为典型失败案例，云南省明确提出截至2020年底杞麓湖水质必须达到Ⅴ类水质，但玉溪市政府临近考核却找不到恰当的治理方法。因此，阶段性绩效外反馈使得玉溪市政府面临的环境问题的棘手程度和外部压力均上升。

在南明河治理中，政府将“在巩固治理成效的基础上进一步提升环境治理的可持续性”确立为新的治理核心目标，进而实现了目标重塑。而在杞麓湖治理中，阶段性绩效的外反馈增加了问题的棘手程度、提升了治理所面临的外部压力，因此，政府将“加快形式主义和造假工程建设，尽快完成水质考核的政治任务”确立为新的治理目标，实现了目标重塑。

由此提出命题4：重塑治理目标也是政府主体选择的，阶段性绩效的外反馈影响了棘手问题和外部压力，使政府主体在考虑协作治理过程的基础上进一步确定新的治理目标。

5.1.4 案例发现

本章通过分析中央生态环保督察期间南明河治理和杞麓湖治理两个案例，剖析了地方环境治理目标演化的微观过程，从而打开了环境治理目标演化的黑箱。首先，勾勒了治理目标演化的微观过程；其次，揭示了造成治理目标演化产生方向性差异的关键原因；最后，通过对治理目标演化和变革的深入思考，归纳了在我国情境下治理目标管理的独特性。

（1）地方环境治理目标演化是一个从确立、调适、强化到重塑的连续的、动态的过程。目标演化共包含确立、调适、强化和重塑四个阶段。从目标演化过程的视角出发，可以看出初始治理目标的确立是政府主体决定的。这一过程往往缺乏不同主体的参与，地方政府受到了外部压力和棘手问题的影响，所以初始治理目标往往是政府选择的。“个体目标”则受到协作过程以及阶段性绩效影响而不断调适和强化。具体来说，在初始目标确立之后，各主体在政府的推动下开始进行协作以解决环境问题，初始治理目标就成为各主体参与协作的协作目标。通过协作程序、协作模式以及领导力的作用，各个主体参与到协作过程之中，从而实现个体目标与政府确定的治理目标的调适。在这一过程中实现了阶段性绩效，各治理主体得到不同的绩效信息反馈，从而强化了其对个体目标和政府确立的治理目标的认同度。重塑治理目标同样受到棘手问题和外部压力的影响，但相比于初始治理目标，重塑治理目标的确立明显受到了协作过程的影响。

（2）治理过程诱发阶段性绩效的外反馈是解释治理目标演化差异的关键。正如 Ansell and Gash（2008）指出，阶段性绩效往往反馈于协作治理过程的内部要素，通过阶段性的小胜利进一步强化主体信任与承诺，进而推动协作治理绩效实现。但这一观点隐含着：无论实现的是公共利益还是私人利益，只要参与治理的主体感知到了绩效就会继续进行协作。显然，阶段性绩效的内反馈只会强化治理主体对现有目标的认同，而对于真正引发目标重塑则缺乏解释，本章通过案例研究发现，阶段性绩效也会影响协作治理的外部要素，从而造成治理目标产生方向性差异。本研究发现阶段性绩效包括“技术变革”“环境质量”和“利益相关者评价”三个维度，通过阶段性绩效外反馈，地方政府实现对棘手问题重新定位，并且回应了治理所面临的外部压力。

具体而言，在南明河治理中，“技术增值”使得南明河治理有了科学的治理方案，因此对参与治理的各个主体而言，南明河治理问题从“棘手问题”转变为“驯良问题”，而“环境质量提升”以及“利益相关者正向评价”则向上级政府传递了优秀的环境治理信号。上级政府对南明河治理也逐渐从发现问题、指出问题到推广宣传优秀的治理经验，贵阳市政府所面临的外部压力逐渐下降。伴随着问题降维和压力回应，进一步追求可持续性成了贵阳市政府新的治理目标。而杞麓湖治理则出现了“技术锁定”“环境质量下降”以及“利益相关者负向评价”，使得杞麓湖治理问题依然是一个“棘手问题”，同时玉溪市政府面临的外部压力也逐渐增加，在缺乏可行技术的基础上如何尽快实现压力回应成为治理的重心，因此，追求形式主义造假成为玉溪市政府新的治理目标。

（3）中国情境下治理目标演化具有独特性。首先，在治理目标的演化中，控制与协作分别对应不同的目标演化环节，呈现出差异化匹配的特征。具体而言，初始治理目标的确立是政府选择的结果，这一过程缺乏各主体的参与，更加强调政府控制的作用，并且这一目标成了后续开展协作治理的共同协作目标。而在目标的调适和强化阶段则更加关注协作的作用，政府需要开放决策过程，与其他主体进行频繁地沟通、互动、信息交流，使其参与到协作过程中，进而不断明晰自身目标与协作目标。在目标重塑阶段，则要继续发挥政府控制的作用，政府在考虑了协作过程的情况之后，再一次调整治理目标，而这一新目标则考虑了不同的协作主体。因此，本章进一步明晰了政府与其他主体在治理目标演化不同阶段的作用：在目标确立和重塑时期，政府需要对治理目标管理保持一定的控制力，而在目标调适和强化阶段，政府则需要对治理目标管理保持一定的回应性。

其次，目标演化呈现出独特的制度属性。除了信任、沟通、互动等影响目标管理的内部因素，本研究发现棘手问题和外部压力等制度情境因素对目标的影响是极其重要的，这也是现有研究所忽视的一个视角。Beeson（2010）的研究指出，在分析东亚环境问题时，西方的一些理论假设往往不适用于亚洲情境。中国具有其独特的环境治理特征，在分析中国环境治理问题时，现有研究强调政府通过强有力的党政动员去引导地方政府关注并解决环境问题，协作也处于控制的影响之下。本章的研究发现也进一步验证了这一点，初始治理目标是政府确立的，并且指导了后续的协作治理，但政府也在与其他主体的协作中不断考虑治理主体的诉求，进而更新已有治理目标，实现目标重塑。因此，在分析中国的环境治理时，不能盲目借鉴西方的协作治理思维而不考虑其在中国背景下的制度情境嵌入（Cong et al.，2021）。

综上，本节总结了这两个地方环境治理目标演化的微观过程，如图 5-2 所示：

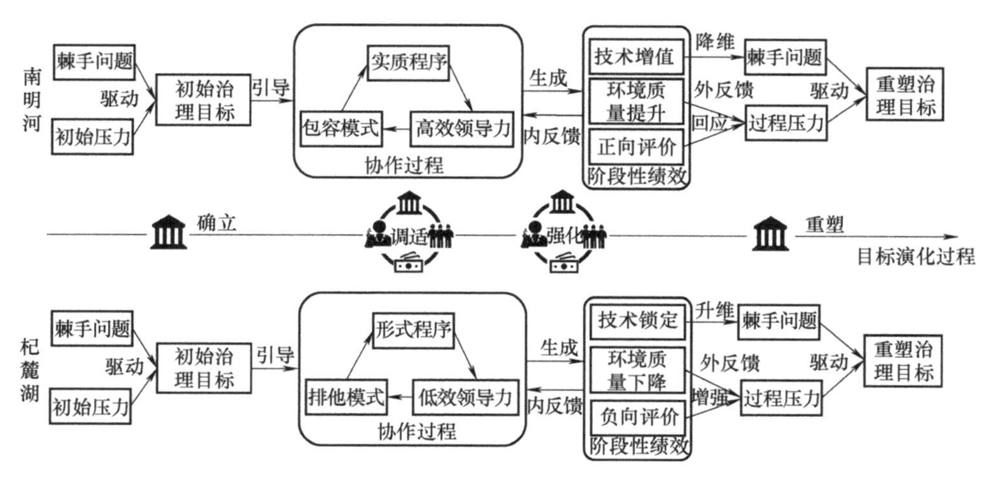

图 5-2　两个地方环境治理目标演化的微观过程

5.1.5　研究结论与讨论

本章通过对南明河治理和杞麓湖治理进行比较案例研究，揭示了中央生态环保督察下地方环境治理目标演化的微观过程以及导致目标演化方向性差异的具体原因，本研究的结论与讨论如下。

1. 研究结论

首先，地方环境治理目标的演化包含确立、调适、强化和重塑四个阶段。其中，目标确立是地方政府根据所面临的外部压力以及棘手问题去设定初始治理目标，指导后续多主体协作；目标调适是参与治理的不同主体不断地将个体目标与政府确定的治理目标协同；目标强化是参与协作的不同主体不断强化和更新对个体目标的认知；目标重塑则是地方政府根据所面临的新的情境重新设定治理目标。其次，治理过程诱发阶段性绩效的外反馈是解释治理目标演化差异的关键。治理过程产生的阶段性绩效会影响政府所面临的外部压力以及问题的棘手程度，从而政府会在考虑治理过程的基础上，根据所面临的外部压力和棘手问题去重新调整治理目标。最后，地方环境治理目标的变革并非单一制度逻辑导致的，而是双重制度逻辑互动的结果。地方政府在目标的确立和重塑阶段遵循控制逻辑，而在目标的调适和强化阶段则要遵循协作逻辑。

2. 讨论

本研究探寻了中央生态环保督察下地方环境治理目标演化的微观过程，是对现有关于协作治理目标的研究侧重“纵向切片”的结构性视角、缺乏动态演化分析的有益补充（Vangen and Huxham，2012；Bryson et al.，2016）。本研究通过比较案例分析，为地方政府环境治理目标管理的研究提供了一个“横向过程”的维度。结构性和过程性视角的有机结合使得地方政府环境治理目标管理理论更加丰富。此外，过程性视角的引入对“协作治理往往是基于共同目标”这一论断提出了质疑。因为以往对协作治理的研究往往都预设协作治理是基于共同目标而发起的，各主体通过后续协作过程去推动目标协同。但从过程视角出发，协作治理目标是在不断演化的，正如本案例中发现的，基于个体目标而发起的协作治理最终也会演化出共同目标，而基于共同目标而发起的协作治理最终也可能会被个体目标所捕获。因此，协作治理作为一种治理机制本身也具有一定的工具属性，而优秀的目标管理是发挥协作治理优势的关键一环。

本研究明确指出了直接影响地方环境治理目标演化的核心过程性要素——协作程序、协作模式、领导力以及阶段性绩效，并强调了独特的制度属性在其中的作用，为分析地方环境治理目标演化提供了一个更为精确的分析框架。在此基础上，本文进一步拓展和延伸了一些核心构念，发现了：①协作程序是过程导向与结果导向的有效结合，这与新近研究强调对协作治理中程序性工具的关注不谋而合；②突出了政府领导在协作治理中的重要作用，并且指出了领导力应该包括意识理念、对问题的重视以及对其他治理主体的重视三个维度，细化了对协作环境治理目标管理中领导力作用的研究；③创新性地提出了阶段性绩效这一核心构念同时具有外反馈的作用，进而揭示了地方环境治理目标演化产生差异的关键。

此外，该研究发现对于规避地方环境治理过程中的“形式主义”“工具主义”问题具有一定的启发。在玉溪市杞麓湖治理和贵阳市南明河治理中，两个地方政府都运用了“高控制—高协作”环境治理模式，但却产生了截然不同的治理绩效，最终设置了截然不同的环境治理目标，这就需要去进一步反思造成这一差异的根本原因是什么。本研究发现，协作模式（即协作网络）是包容的还是排他的、协作程序是实质性的还是形式主义的、领导力是真正聚焦于环境问题的解决还是谋求私利，是造成这一差异的深层次原因。两地政府在治理工具的选择上都具有极强的相似性，这可能是出于治理合法性的考虑，导致地方政府必须去运用这些工具、完成这些必需的流程，但具体的工具运用情况却大相径庭。因此，本章的研究发现进一步警示地方政府，在进行治理目标变革时，学习规范的治理工具和协作程序固然重要（既要形似），但是也要深挖治理过程背后具体的运作机理（又要神似），避免造成治理过程呈现出“工具主义”特征。

5.2 高绩效环境治理模式的实现路径研究

第 4 章的分析指出在实现地方环境治理高绩效中应该运用“高控制—高协作”环境治理模式，但组态分析未能清晰识别控制和协作之间发挥作用的微观机制是什么，未能深入分析组合内部各个因素之间发挥作用的过程机制，忽视了条件出现的顺序、时间等对结果的影响（Beach，2018）。因此，选择对最典型的案例进行案例研究，可以更好地发现条件组态内部不同因素之间更为丰富的、细节的作用机理，进而将因素理论化转向过程理论化。将“高控制—高协作”环境治理模式实现环境治理高绩效的微观机制打开，将会为地方政府运用“高控制—高协作”环境治理模式实现环境治理绩效提供更为落地的政策方案。基于此，本章从组态分析中的路径 2、路径 3、路径 4、路径 5，分别选择典型案例开展案例研究，厘清“高控制—高协作”环境治理模式实现环境治理高绩效的路径。需要说明的是，关于路径 1“高控制—低协作”环境治理模式的微观过程的研究已经被大量学者关注，因此本书不再分析这一模式。

5.2.1 地方环境治理路径的理论分析

对于地方环境治理而言，实现优秀的环境治理绩效不仅仅是多个因素有效协同的结果，而且也需要明确因素之间发挥作用的微观路径。基于控制逻辑，地方环境治理遵循一条常规模式和动员模式交替的环境治理路径。在常规模式下，地方政府通过自上而下发布行政任务，按部就班地完成环境治理工作，即“行政推动—企业规制”路径，地方政府发现环境问题后，就通过对企业进行罚款、征税等手段来迫使企业关注污染问题，进而解决问题。在动员模式下，地方政府会通过临时发起专项行动，召集各个部门共同解决某一个环境问题，即“专项行动—企业关停”路径，在这条路径中，“一刀切”和“集中关停”往往是最直接的方式。这两条典型的环境治理路径在现实的地方环境治理过程中彼此交替出现，尽管帮助地方政府解决了大量环境问题，但这两条路径均未能实现可持续的环境治理绩效。

协作逻辑提出了一条截然不同的环境治理路径。Ansell and Gash（2008）提出了协作治理的具体路径，其中，权力资源和知识的不对称、协作和冲突的历史、参与激励是协作治理的初始条件，制度设计和领导力是影响协作过程的外部要素。在具体的协作过程中，通过面对面交流、信任的建立、一致性承诺、共同理解以及中间结果这几个要素的不断循环迭代，最终实现了协作治理绩效。Emerson et al.（2012）在 Ansell and Gash（2008）提出的框架基础上，从驱动因素、协作动力、行动以及适应性影响等方面提出了协作治理实现绩效的路径，其中协作动力包括了原则性参与、共享的动机以及行动者之间集体行动的能力，并且协作治理还会受到外部系统的影响。区别于国外学者提出的环境治理中的协作治理路径，林民望（2022）基于“行动—产出—效果”提出了环境协作治理的具体流程，包括非正式环境协作治理行动、正式制度安排、制度执行力，最后实现环境绩效的改进，并且环境绩效实现的过程包含“自主行动—中间产出—最终产出—政策效果”四个阶段。而王诗宗和杨帆（2018）则基于行政控制和多元参与提出了环境政策执行的调适性路径，即控制和参与通过差异化的组合形成了“弱控制、弱动员”“弱控制、强动员”“强控制、弱动员”“强控制、强动员”四种不同的环境治理路径。同样地，顾丽梅和李欢欢（2021）基于参与式治理的视角提出了“强动员、强参与”“弱动员、强参与”“强动员、弱参与”三条环境治理路径。

通过这些研究可以发现，单纯聚焦于控制维度的路径研究侧重于解释环境治理为什么失败，而协作维度的研究则被大量应用于西方环境治理场域中，尤其是对于政府与非政府间的协作在国内环境治理的研究中尚未被充分关注。当然，部分研究开始聚焦于分析控制和协作共存的环境治理路径，如王诗宗和杨帆（2018）以及顾丽梅和李欢欢（2021）探讨了两者的组合情况，这其实与本书的组态分析的研究发现具有异曲同工之处，但这些研究侧重于类型划分，并没有深入阐释控制和协作推动地方环境治理绩效的具体路径。因此，对于控制和协作发挥作用的具体路径亟待深入分析。

5.2.2 研究设计

本部分将运用多案例研究的方法，选择第 4 章提出的“高控制—高协作”环境治理模式四条路径中的典型案例开展案例研究，详细方法介绍和相关数据来源如下。

1. 研究方法

本章运用多案例研究方法分析高绩效环境治理模式的实现路径，主要原因如下：首先，组态分析只能呈现条件间的组合如何导致结果的产生，并不清楚中间的微观过程是什么，因此探究“高控制—高协作”环境治理模式如何推动环境治理绩效的实现需要通过案例研究的方式进行探索。其次，通过将每一条路径去匹配一个或多个典型案例开展案例研究，并对六个案例进行比较，通过这一分析，将会对“高控制—高协作”环境治理模式如何推动环境治理绩效实现有更加清晰的认知，进而归纳出更加科学、有效的提升环境治理绩效的路径。

2. 案例选择与数据来源

除了遵循常规的典型性、特殊性、聚焦和极化类型原则、数据源来源丰富等案例选择标准外，本章结合 QCA 分析的优势，选择了 QCA 分析结果中每条路径中出现的典型案例。其中，路径 2 选择了宜昌市长江岸线码头拆除整治，路径 3 选择了北京市新凤河污染治理，路径 4 选择了贵阳市南明河治理、宁德市海上综合养殖治理和大理州洱海治理（选择三个典型案例的原因在于，这条路径在所有路径中的覆盖度是最高的，意味着现实中大量的案例都可以运用路径 4 开展治理），路径 5 选择了重庆市沙坪坝区缙云山国家级自然保护区治理。本研究的数据主要来源为实地调研、访谈、政府官网、主流媒体报道、生态环境部网站以及相关文献，搜集到的资料包括政策文件、官方报道、访谈资料等。其中对参与北京市新凤河治理、贵阳市南明河治理的北控水务集团和中国水环境集团的项目经理进行了访谈，对大理州洱海治理进行了实地调研，对参与洱海治理的苍洱公司和中国水环境集团负责人以及洱管局相关工作人员进行了访谈。相关资料如表 5-5 所示。

表 5-5　案例选择与数据来源

<table>
<tr><th>组态结果</th><th>包含案例</th><th>最终选择案例</th><th>数据来源</th></tr>
<tr><td>路径 2</td><td>通辽市、宜昌市</td><td>宜昌市</td><td rowspan="4">政府官网、主流媒体报道、生态环境部网站、相关文献、实地调研、访谈</td></tr>
<tr><td>路径 3</td><td>北京市、宁波市、廊坊市、台州市</td><td>北京市</td></tr>
<tr><td>路径 4</td><td>五家渠市、西安市、大理州、贵阳市、南宁市、汕头市、揭阳市、郑州市、济南市、宁德市、马鞍山市、太原市、天津市、玉溪市</td><td>贵阳市、宁德市、大理州</td></tr>
<tr><td>路径 5</td><td>重庆市</td><td>重庆市</td></tr>
</table>

5.2.3 单案例研究

分别对六个典型案例进行单案例研究，并通过案例之间的比较揭示普适性的地方环境治理路径。

1. 宜昌市长江岸线码头拆除整治

宜昌市长江岸线码头拆除整治是属于路径 2 的典型案例，为“高控制—高协作”型环境治理模式。宜昌长江岸线码头治理表明，面对复杂性较低的环境问题，在缺乏政府与公民协作的情况下，地方政府应实现行政干预、领导重视、政府内部部门协作和政企协作的匹配，进而实现优秀的环境治理绩效。下文将通过案例分析呈现这一路径发挥作用的过程。

（1）案例背景。长江是中华民族的母亲河，推进长江大保护，实现长江流域生态环境高质量发展始终是党和政府关注的重点生态环境问题，习近平总书记多次调研长江流域的生态环境问题。中央政府相继出台了《长江经济带发展规划纲要》（2016）、《深入打好长江保护修复攻坚战行动方案》(2022）等政策文件去推动长江流域的生态环境治理工作。其中，沿江流域的非法码头、非法采砂以及沿江化工污染等问题是中央关注的重点问题。2016 年第一轮中央生态环保督察指出长江沿线存在大量的环境污染问题，非法码头、非法采砂、沿江化工企业污染严重，湖北省在环保督察整改方案中明确指出要坚定不移抓好长江大保护，宜昌市也开始进行了长江岸线的整治工作。最终，宜昌市的非法码头问题得到有效解决，并对长江岸线进行了绿化，实现了长江岸线的绿色升华，相关治理经验被生态环境部作为典型案例进行宣传，也得到了大量媒体的宣传报道。

（2）案例分析。宜昌市长江岸线码头拆除整治问题属于一个问题复杂性较低，但所涉及的利益相关者较为复杂的环境问题，其所包含的整治对象包括采砂场、化工厂、非法码头等。在中央生态环保督察指出该环境问题后，宜昌市委市政府高度重视，市委市政府立下“做好长江岸线生态复绿，努力把生产岸线变成生态岸线，着力在生态文明建设上取得新成效”的目标，开始进行长江岸线的整治工作。成立了市长为组长、副市长为副组长的全市非法码头治理工作领导小组，同时建立了非法码头治理的联席会议制度，实现了市委市政府多部门以及法院、检察院的协调联动，有效打破了部门间信息不对称、碎片化的问题。在治理过程中，宜昌市政府也积极与社会资本进行合作，与三峡集团携手推动“共抓长江大保护、共建绿色发展示范区”，多个水环境治理的项目不断落地，借助社会资本在资金、技术和管理上的优势，极大助力了宜昌市的生态环境治理工作。

为了确保治理的规范化和可持续性，在上级政府出台的《关于巩固长江经济带非法码头整治成果 建立监督管理长效机制的指导意见》(2018)、《长江保护修复攻坚战行动计划》(2019）等政策文件的指引下，宜昌市也制定了科学的整改方案，先后下发了60余份督办通知和督查通报，发布的《关于建立非法码头长效治理机制的通知》就明确规定了实现码头治理长效机制的五项制度，确保码头治理不反弹。

对于那些易于整治的非法码头，宜昌市政府采取了果断出击、坚决取缔和关停的方法，坚持全市各地每周督办、重点区域每日督办，并通过媒体等去营造政府坚决取缔非法码头的氛围，杜绝了非法码头业主的侥幸心理。而对于那些难以整治的非法码头，政府则积极与码头业主进行沟通协调，进而使得业主主动参与到非法码头的治理过程中。

同时，宜昌市委市政府并不局限于对非法码头的整治，在取缔、关停非法码头的基础上，积极开展了码头复绿工作，实现治岸、治水、治绿有效协同，在完成环保督察确定的整改任务基础上进一步推动生态环境的高质量发展。

（3）研究发现。在宜昌市长江岸线码头拆除整治中，首先，领导重视引导政府协作、政企协作快速推进。市委市政府的高度重视为政府内部部门协作、政企协作提供了支持。在市委市政府的高度关注下，宜昌市政府迅速成立治理非法码头问题的领导小组，发起了多项针对非法码头治理的专项行动，并且相关环境治理项目也快速落地。其次，行政干预和领导重视彼此促进，实现了政府环境治理的可持续性。为了破解这种领导重视可能会带来的临时性和不可持续性的影响，宜昌市政府通过运用行政干预的方式，出台政策文件来规范和约束地方政府的环境治理行为，进而形成长效机制，破解环境治理的运动式困境。最后，党政领导注意力的差异化配置。面对利益相关者复杂的环境问题，领导者的注意力难以分配给所有的治理问题，往往会将稀缺的注意力分配给较为重要且治理难度较大的环境问题，正如宜昌市委市政府亲自与祥印码头业主进行沟通，推动其主动参与到环境整治中。整体而言，在宜昌市长江岸线码头拆除整治中，地方政府遵循先控制后协作的治理路径，重点发挥行政干预、领导重视、政府内部部门协作、政企协作的作用，从而推动环境治理工作的有效推进。

2. 北京市新凤河污染治理

北京市新凤河污染治理是属于路径 3 的典型案例，为“高控制—高协作”型环境治理模式。新凤河治理表明，面临问题复杂性较高且利益相关者复杂的环境问题，在缺乏行政干预的情况下，地方政府应实现领导重视、政府内部部门协作、政府与公民协作的匹配，进而实现优秀的环境治理绩效。下文将通过案例分析呈现这一路径发挥作用的过程。

（1）案例背景。从 20 世纪 80 年代开始，城市化和工业化的快速推进造成了新凤河污染加剧，成为臭名昭著的“蚊子河”，其中多段水体被判定为黑臭水体。在北京市《北京市进一步聚焦攻坚加快推进水环境治理工作实施方案》《北京市水污染防治工作方案2017年重点任务分解》等政策引导下，大兴区委区政府以环保督察整改为契机，开展了新凤河流域的系统治理工作，治理取得了显著成效，被中央生态环保督察以"'蚊子河'到生态廊道"为题进行宣传报道，相关治理经验也被新华网、光明网进行宣传报道。

（2）案例分析。新凤河污染问题属于一个典型的问题复杂性高，涉及利益相关者复杂的环境问题。在第一轮环保督察反馈的整改意见中并未明确指明新凤河的污染问题，而是指出北京市的水环境污染问题严重，所以地方政府并未在督察整改意见中明确指明具体的针对新凤河的治理方案。

但随着水环境问题得到了党和政府的高度关注，大兴区政府在北京市政府下发的政策文件指引下，以环保督察为契机开展了新凤河的治理工作，成立了由区委区政府牵头、多家单位配合的联动体系，实现环境治理任务的层层分解、环境治理压力的层层传导，有效扭转了各级政府的环境治理注意力。在此基础上，大兴区政府设立了"五步"督查督导机制，对发现的问题定期开展督查，确保环境问题可以及时、有效地整改。

尽管政企协作在这个路径中呈现为不重要的变量，但这并不意味着这一模式不存在，在新凤河治理中，大兴区也同北控水务集团进行合作，开展了北京市大兴区新凤河流域综合治理PPP项目，补齐环境基础设施的短板。借助北控水务集团先进的治水技术、治理经验和管理能力，助推新凤河流域的生态修复工作。而这一项目也被国家发展改革委视为绿色PPP项目的典型案例。

当然，作为一个利益相关者较为复杂的环境问题，通过有效引导公众参与可以最大限度地化解利益相关者复杂性而带来的治理困境。大兴区政府在新凤河治理过程中，在新凤河污染问题已经被初步解决、流域治理PPP项目顺利落地后，通过设立环保主题公园、对公民进行宣传教育和培训、设置环保课程等方式，积极引导社会各界关注新凤河治理、参与新凤河治理，大大提升了政府发现问题和解决问题的能力。

（3）研究发现。在北京市新凤河治理中，首先，领导重视先行，引导政府协作和政企协作推进，与宜昌市长江岸线码头拆除整治较为类似。新凤河的治理问题依旧是在北京市委市政府和大兴区委区政府的高度重视下发起的，党政动员使得政府内部迅速成立了协作小组，也为发起PPP项目提供了制度支持。其次，中央生态环保督察的强外部压力迫使地方政府关注新凤河污染问题。正如路径中发现的，行政干预是作为核心缺失条件出现的，这就意味着新凤河污染问题并未被中央生态环保督察所直接关注，因此也并未在督察整改文件中提出相应的整改方案。但环保督察所蕴含的外部强政治压力也有效传导给了地方政府，迫使地方政府去关注新凤河的污染问题，这进一步彰显了中央生态环保督察的制度优势。最后，政府与公众的协作在这条路径中是作为核心条件出现的，但需要明确的是，公众并非在治理前期就参与到环境治理中，而是在环境污染问题已经被初步解决后，政府和相关企业发起了大量的活动鼓励公众参与，通过公众参与提升新凤河治理的可持续性。整体而言，在北京市新凤河污染治理中，地方政府遵循先控制后协作的治理路径，重点发挥领导重视、政府与公民协作在其中的作用，从而推动环境治理工作的有效推进。

3. 宁德市海上综合养殖治理

宁德市海上综合养殖治理是属于路径4的典型案例，为“高控制—高协作”型环境治理模式。宁德市海上综合养殖治理表明，面临复杂性较高且利益相关者复杂的环境问题，地方政府应实现行政干预、领导重视、政府内部部门协作、政企协作的匹配，进而实现优秀的环境治理绩效。下文将通过案例分析呈现这一路径发挥作用的过程。

（1）案例背景。宁德市是位于福建省北部的一个沿海城市，自20世纪90年代以来，其海上养殖业迅速发展，区域内的三沙湾部分地区的养殖密度近乎饱和，给海域带来了严重的生态危机。2017年，第一轮环保督察明确指出宁德市的海域污染问题。在环保督察指出相关问题后，得到了省市领导的高度重视，宁德市在2018年7月组织开展了海上养殖综合整治行动，经过多轮有效治理，最终取得了丰富的治理成效。相关治理经验得到了生态环境部、农业农村部等国家部委的肯定，并且在《人民日报》等媒体进行宣传报道。

（2）案例分析。宁德市海上综合养殖治理牵扯的利益群体较多，面临较大的治理难度，属于棘手程度较高的环境问题。为了解决海上综合养殖所面临的困境，在环保督察指出问题后，宁德市委市政府高度重视，相关领导多次亲赴一线调研，进行现场办公，坚持对整治工作进行日报、周报，主要领导每一到两个月召开现场会，分管领导每周也要召开1~2次统筹协调会议。同时开展了为期两年的海上养殖综合整治行动，发起了“1+N”的专项整治行动。其中，“1”是三都澳海域水环境综合整治，“N”包括水产养殖、黑臭水体整治等一系列污染防治攻坚战。通过领导重视和各种专项行动，积极发挥了党政动员的优势，使得辖区内各级政府均全身心投入到环境治理之中。

为了充分发挥各部门之间的协作优势，破解部门碎片化的困境，宁德市第一时间成立了党政领导亲自挂帅的海上综合养殖指挥部，设立了综合协调、宣传疏导、运输查控、海上巡查、岸上整治、打击惩治、跟踪督导、升级改造八个专项工作组，很好地实现了政府内部各部门之间的合作。同时与福建省水产研究所、集美大学进行合作，编制了全国首个港湾塑胶养殖设施建设工程技术规范。宁德市政府也积极通过与企业、商业机构和社会资本合作，拓展投融资渠道，进行产业和技术升级的同时也提升了当地渔业资源的竞争力。宁德市借助国有资产投资经营有限公司的国企优势，实施了福建省宁德市蕉城区环三都岛海域整治 PPP 项目、福建省宁德市霞浦县海上养殖设施升级改造 PPP 项目。

宁德市进行海上养殖整治所需资金量巨大，在现有财力不足的基础上，为了解决资金的问题，宁德市一方面积极争取上级的财政补贴，并且与多家银行进行合作对水产养殖设施升级改造提供利率优惠，另一方面举办招商引资推介会，为相关企业落地提供政策支持。同时，创新性地实施了海洋生态环境治理 PPP 项目，属全国首例，通过 PPP 模式申请环保专项贷款，得到国家开发银行福建分行 18.1 亿元的贷款。正是宁德市政府的主动发力，为破解环境治理的资金困境提供了支持。

总的来说，通过政府内外部之间的有效协作，使得政府得以突破单一主体的资金、技术的局限，充分发挥了多部门协作的优势，进而推动了宁德市海上养殖的良性发展。

（3）研究发现。在宁德市海上综合养殖治理中，首先，控制和协作之间的匹配是在棘手的环境问题背景之下的。棘手问题的解决依赖于政府大量的资金、技术、人员的投入，但政府可以通过设置政策优惠、进行招商引资、运用 PPP 模式去缓解这方面的困境，而这些措施的有效实施离不开政府强有力的控制以及与各部门之间的通力协作。其次，领导重视在其中起到了助推器的作用，通过党政领导的高度重视，破除部门协作困境，扭转地方政府环境治理的惰性，为 PPP 项目落地提供支持。整体而言，在宁德市海上综合养殖治理中，地方政府遵循先控制后协作的治理路径，重点发挥领导重视、政府内部部门协作、政企协作在治理中的重要作用，从而推动环境治理工作的有效推进。

4. 贵阳市南明河治理

贵阳市南明河治理同样是属于路径4的典型案例，为“高控制—高协作”型环境治理模式。南明河治理表明：面临复杂性较高且利益相关者复杂的环境问题，地方政府应实现行政干预、领导重视、政府内部部门协作、政企协作的匹配，进而实现优秀的环境治理绩效。下文将通过案例分析呈现这一路径发挥作用的过程。

（1）案例背景。南明河流经贵阳市的主城区，同时也是贵阳居民的主要饮用水来源地，被当地居民称为“母亲河”。伴随着改革开放的浪潮，贵阳市大力推进城市化、工业化，南明河的污染问题愈发严峻，被称为一条“失去生命的河流”，河道水质常年达到劣V类，水体失去了自净能力。2017年中央生态环保督察向贵州省委省政府反馈指出贵阳市存在生活污水直排南明河问题，贵阳市以环保督察整改为契机，进一步推进水环境综合治理工作，取得了优秀的治理绩效。2021年南明河治理被生态环境部公布为典型案例，获得“中国最佳表现城市”“全国文明城市”等诸多荣誉，相关治理经验得到新闻联播、《人民日报》等官方媒体的报道。

（2）案例分析。南明河治理涉及大量的企业搬迁、居民拆迁、城市环境基础设施升级等问题，目标群体极为复杂。为了实现南明河的长效治理，地方政府高度重视，如2016年省委书记、省长亲自调研南明河的治理项目，2018年省委书记亲自巡河并下沉调研青山污水处理厂，同时贵阳市委书记和市长也亲自挂帅南明河除臭变清攻坚工作领导小组，实施了南明河除臭变清攻坚工作。通过领导高度重视以及专项行动的开展，推动了南明河治理工作的顺利推进，有效杜绝了治理过程中出现的推诿、不作为等行为。

为了协调各部门之间的资源，充分发挥协作治理的优势，贵阳市先后成立了南明河整治项目PPP领导小组和指挥部以及南明河除臭变清攻坚工作领导小组，推动政府内部各部门以及政府与社会资本之间的合作。如在《南明河治臭变清攻坚工作实施方案》中，明确了南明河指挥部与各属地政府、发展改革委、国土资源局、市水务集团等部门的协调关系。发起了多项针对南明河治理的PPP项目，其中南明河水环境综合整治二期项目也成为第一批国家级示范项目。通过PPP模式，贵阳市政府借助中国水环境集团的技术优势，将分布式下沉污水处理技术运用到了污水处理设施的建设中，产生了很好的社会效益，并已在大理洱海、上海嘉定、北京通州等多地进行应用推广。并且，南明河流域污水处理系统智慧管控平台入选了《2021年智慧水务典型案例清单》。通过政府内部各部门以及政府与社会资本的通力合作，真正实现了各部门的优势互补，彰显了协作治理的真正优势。

（3）研究发现。在贵阳市南明河治理中，首先，面对城市内河治理这一复杂且棘手的环境问题，受困于治理资金、技术、能力等方面的不足，政府单一部门在解决此类环境问题时往往捉襟见肘，因此在党政领导高度重视的情况下，贵阳市政府通过成立领导小组、发起专项行动、发起多项PPP项目，从而有效化解了治理南明河问题中所面临的困境。在这个案例中，领导重视依然是作为助推器的作用。其次，棘手环境问题的解决需要借助政府内外部多方面的力量，实现行政干预、领导重视、政府内部部门协作以及政府与企业协作，这一定程度上彰显了“多元共治”的特征。整体而言，在贵阳市南明河治理中，地方政府遵循先控制后协作的治理路径，地方政府要重点发挥领导重视、政府内部部门协作、政企协作在治理中的重要作用，从而推动环境治理工作的有效推进。

5. 大理州洱海治理

大理州洱海治理同样是属于路径4的典型案例，为“高控制—高协作”型环境治理模式。洱海治理的案例表明：面临复杂性较高且利益相关者复杂的环境问题，地方政府应实现行政干预、领导重视、政府内部部门协作、政企协作的匹配，进而实现优秀的环境治理绩效。下文将通过案例分析呈现这一路径发挥作用的过程。

（1）案例背景。洱海是当地居民的母亲湖，然而长期以来农业、旅游业的无序发展造成了洱海的严重污染问题，蓝藻问题频发，水质一度跌落到劣V类，被中央生态环保督察点名批评。具体来说，一方面，洱海的污染源是来自周围的农业面源污染问题，洱海周围盛产大蒜等农作物，而大蒜又是“大水大肥”作物，大量农业污水未经有效处理就排入洱海，严重污染了洱海水质。另一方面，另一大污染源则是生活污水，洱海具有悠久的历史，是全国著名的旅游胜地，接待游客数量逐年增加，大量的生活污水也未经有效处理直排入洱海中。鉴于洱海已经进入了濒危期，因此，系统“抢救”洱海迫在眉睫。在大理州“七大行动”和“八大攻坚战”的带领下，大理州开启了洱海保护的“抢救模式”。经过多年的系统治理，洱海治理取得了显著成效，被中央生态环保督察作为优秀案例加以推广，完成了习近平总书记“一定要把洱海保护好”的嘱托。

（2）案例分析。洱海的治理是一项复杂的系统工程，涉及农业、旅游业、拆迁、污水处理设施等多个环节，问题复杂性高，并且涉及对当地居民、旅客、商家的重新调整和规划，因此，洱海的治理问题是一个典型的棘手环境问题。洱海的保护问题受到了总书记的关注，2015年，习近平总书记在洱海调研时做出了“一定要把洱海保护好”的嘱托。在此影响下，云南省委省政府、大理州政府等高度重视洱海的环境治理问题，洱海治理的“抢救”模式正式启动。大理州政府出台了大量政策文件去指导洱海的系统治理工作，如《大理市洱海生态环境保护“三线”划定方案》，确定了洱海周围发展的“蓝绿红”三条界线，其中洱海湖边为蓝线，蓝线到绿线之间 15m 要进行居民强制拆迁，蓝线到红线之间的 100m 要清退农业用地。成立了洱海保护治理及流域转型发展指挥部，负责协调政府内部各部门、政府与相关企业之间的关系。

在推进洱海治理的过程中，其中最重要的工作便是洱海环湖截污工程的搭建以及生态搬迁工作。为了彻底解决洱海入湖污染物严重的问题，大理州政府与中国水环境集团协作发起了洱海环湖截污 PPP 项目，在洱海周围建立了古城、湾桥、喜洲、上关、双廊、挖色六座污水处理厂，铺设了 231km 污水灌渠、11 座污水提升泵站、3 座尾水提升泵站以及 1 座生态库塘。通过环洱海的环湖截污工程搭建，将污水直接拦截在了洱海之外，污水经过处理后用于绿化、农业灌溉等。通过与政府的大量协商，以及考虑到洱海保护的重要性，项目公司最后选择了修建下沉式污水处理厂，虽然污水处理厂坐落在洱海周围，但由于修建在地下，并不能直接看到厂区。并且通过未来在地上修建临海公园、生态停车场、科普馆等，不但节省了洱海周围的土地资源，而且大大缓解了邻避效应。

为了让洱海回归自然，避免过度开发，政府沿洱海周围划定了三条线，其中就涉及对洱海周围 15 米内的居民进行搬迁。为了更好地推进搬迁工作，地方政府与项目公司联合成立“1806”指挥部，负责协调这个区域内 1806 户居民的拆迁工作。项目公司负责人与政府通力协作，进入每家每户与村民去协商，了解居民的诉求，向居民解释洱海治理的意义以及生态搬迁的重要性，最终洱海的生态搬迁工作顺利完成。

（3）研究发现。在大理州洱海治理中，领导重视起到了明显的引领作用。洱海问题先后得到了总书记、云南省委省政府的高度重视，领导的高度重视将地方政府的注意力聚焦到了洱海保护上，因此洱海治理的“抢救”模式正式启动。在治理过程中，为了明确洱海治理的规则流程，实现洱海的长效治理，地方政府出台了大量政策文件，为洱海的系统治理设计了科学的研究方案。并且，为了更好地协调各部门参与到洱海治理中，地方政府专门成立了洱海保护治理及流域转型发展指挥部，破除了洱海治理的碎片化困境。当然，正如上文提到的，洱海治理是一个系统工程，政府单一部门在治理洱海中存在资金、技术等困境。因此，大理州政府积极探索与社会资本合作的新模式，发起了多个洱海治理相关的PPP项目，积极与社会资本协商具体的环境基础设施建设方案，与社会资本通力合作去推动生态搬迁工作的顺利完成。

整体而言，在洱海治理中，自上而下的压力有效提升了地方政府对洱海保护的重视程度，进而地方政府出台了大量的政策方案确保洱海治理工作的顺利开展，同时成立指挥部积极协调各部门的治理行动，与社会资本协作破解政府治理的不足，最终推动洱海迈向了高质量发展之路。在大理州洱海治理中，地方政府遵循先控制后协作的治理路径，重点发挥领导重视、政府内部部门协作、政企协作在治理中的重要作用，从而推动环境治理工作的有效推进。

6. 重庆市沙坪坝区缙云山国家级自然保护区治理

重庆市沙坪坝区缙云山国家级自然保护区治理是属于路径5的典型案例，为“高控制—高协作”型环境治理模式。缙云山国家级自然保护区治理表明：面临复杂性较高且利益相关者较为单一的环境问题，在缺乏政企协作的情况下，地方政府应实现行政干预、领导重视、政府内部部门协作、政府与公民协作的匹配，进而实现优秀的环境治理绩效。下文将通过案例分析呈现这一路径发挥作用的过程。

（1）案例背景。缙云山自然保护区横跨重庆市的北碚、沙坪坝、璧山三区，是地球同纬度地区保存较为完好的亚热带常绿阔叶林生态系统之一，自然保护区内有着大量的珍稀植被。同时景区的环境优美，是重庆著名的风景名胜区，每年都能吸引大量游客参观游览。但正是由于丰富的旅游资源产生了大量的违规建筑、带来过度的旅游开发，进而导致缙云山的生态系统被严重破坏。在被中央生态环保督察指出问题后，重庆市委市政府高度重视，开展了缙云山自然保护区的生态修复工作，最终缙云山的生态修复工作取得了显著成效。相关治理经验被生态环境部以“打出‘组合拳’守护好一脉青山”为题进行宣传，同时也得到了大量媒体的宣传报道。

（2）案例分析。第一轮中央生态环保督察指出，缙云山自然保护区在规划、建设和管理等方面存在问题。与此同时，习近平总书记也对缙云山自然保护区的治理问题做出了重要批示。在强外部压力下，重庆市委市政府高度重视缙云山自然保护区的治理工作。市委书记和市长亲自部署治理工作，区委书记和区长亲赴一线督导治理工作的推进，成立了专门的工作小组，开展了多项专项行动。在数月内就完成了对九滨马术俱乐部相关违规建筑的拆除工作，同时鼓励辖区内企业、民众开展自查工作，彰显了政府“全面整治”的决心。

为了实现自然保护区的系统治理，就需要对自然保护区内的原住民进行搬迁，沙坪坝区政府实施了“贫困下山、生态上山”生态搬迁工作，但要实现居民整体搬迁而不爆发民众冲突对政府而言是一个极其艰巨的任务。沙坪坝区政府从民生的角度出发，积极向民众宣传搬迁工作的价值，建立台账制度，对搬迁居民进行系统管理和就业培训，有条件的纳入低保。这些措施得到了居民的大力支持，居民也主动参与到缙云山的生态治理中，最终自然保护区核心区和缓冲区的居民全部迁出。

在政府和公民共同发力的影响下，缙云山自然保护区内的所有违规建筑均被拆除、居民拆迁也顺利完成。在此基础上，区委区政府并不仅仅局限于完成环保督察交办的整改任务，而是积极开展复绿工作，森林覆盖率显著提升，为城市“绿肺”增添了生命力。

（3）研究发现。在重庆市沙坪坝区缙云山国家级自然保护区治理中，首先，外部压力驱动了地方政府对环境问题的重视，缙云山自然保护区污染问题不仅得到了第一轮中央生态环保督察的关注，同时得到了习近平总书记的亲自批示，因此缙云山的生态修复问题立刻得到重庆市委市政府的高度重视。其次，领导重视所带来的压力进一步降低了协作成本，各部门通力协作推动了环境问题的迅速解决，违建问题几乎在数月之内就得到了妥善解决。而在搬迁中充分考虑到居民的意愿，搬迁工作并未采取强制手段，而是政府主动与居民进行协商，大大提升了环境治理的合法性。整体而言，在重庆市沙坪坝区缙云山国家级自然保护区治理中，地方政府遵循先控制后协作的治理路径，重点发挥政府与公民协作在治理中的重要作用，从而推动环境治理工作的有效推进。

5.2.4 比较案例研究

通过进一步地对这六个案例进行比较案例研究，我们发现这些案例呈现出如下特征：

第一，外部压力驱动地方政府开展环境治理工作。从本章的6个案例中可以发现，各地方政府开展环境治理工作往往是以环保督察为契机的，这意味着中央生态环保督察所带来的强外部压力有效形塑了地方环境治理行为。正如中央生态环保督察制度本身所预期的，通过“党政同责”“一岗双责”使得地方政府真正将环境问题作为一个核心的治理问题去解决，以此来扭转地方政府长期以来注重经济发展而忽视环境保护的发展策略。值得一提的是，相比于其他诸如“蓝天保卫战”“大气污染防治攻坚战”等，中央生态环保督察是一项常态化的、制度化的措施，将会以持续不间断的自上而下的压力去督促地方政府开展环境治理工作，这一点从6个案例中都能看到，督察、整改、“回头看”、新一轮的督察，形成了连续的闭环，有效地避免了地方政府陷入运动式治理的不可持续性困境。

第二，外部压力诱发领导重视。环保督察所带来的外部压力最先传导给地方政府的党政一把手，进而通过党政一把手的重视来进行后续的治理工作。这意味着领导重视其实发生在行政干预、多元协作之前。本研究的行政干预是以督察整改方案是否明确提及该问题来衡量的，这意味着其实在领导重视之前就已经有了行政方案，但这些方案的真正落实以及新方案的出台和调整却是发生在领导重视之后。借助领导重视的方式，一方面能够扭转地方政府环境治理的注意力，使其将环境问题视为一个需要处理的核心问题，地方政府在此基础上开展了后续的治理工作；另一方面借助强大的动员能力，能够打破部门的碎片化困境，为多元主体参与协作提供政策、制度和资金支持，大大降低了协作治理发起和运行的成本。

第三，领导者注意力的差异化配置。当然领导重视并非对治理该问题的所有过程都会发生作用，领导者的注意力是稀缺的。首先，案例研究所呈现的所有环境治理问题都得到了领导的重视，这也就预示着只有得到了领导重视的环境问题才能产生好的环境治理绩效，这印证了第4章的研究发现；其次，本研究发现，在治理过程中领导者的注意力也是分层的，往往是较为困难的、棘手的治理任务会被分配更多的注意力，如在宜昌市码头治理中，政府亲自与祥印码头沟通，从而有效地解决了祥印码头的污染问题，并成为湖北省最美的“花园码头”。这一发现细化了对领导者注意力分配的研究，以往研究虽然看到了领导重视对于环境治理绩效实现的重要意义，但并未进一步探究领导重视在具体的治理过程中是如何运转的，本章的发现进一步拓展了这一领域的研究。

第四，协作发生在控制之后。构建多元共治的现代环境治理体系呼吁地方政府在环境治理中要实现“党委领导、政府主导、企业主体、社会组织和公众共同参与”，即要实现控制和协作的共存，但是控制和协作如何共存依旧是一个悬而未决的理论问题。本研究指出，协作发生在控制之后，随着治理向纵深推进，治理所需要的协作的社会化程度越高。较为理想的控制和协作在治理中的排序应是“领导重视—行政干预—政府内部部门协作—政企协作—政府与公民协作”，即“先控制后协作”。只有在问题得到了党政领导的高度重视，并且有了明确的治理方案后，政府内部各部门才会开展相应的协同工作，推动行政任务的逐条解决。由于治理任务得到了党委部门的高度重视，因此在推动整改过程中所面临的政府内部阻力较小。而在随后的治理过程中，当政府发现依靠政府自己的力量难以解决环境问题时，就会选择与社会资本合作，依靠社会资本的技术、资金和管理能力来治理环境问题，如南明河治理中引入了中国水环境集团、新凤河治理中引入了北控水务，这些企业都是水务行业领域的佼佼者，能够为环境治理提供更优的解决方案。同样，领导重视也为 PPP 模式顺利开展提供了支持。而当环境问题涉及居民拆迁等必须与公众协商和沟通时，此时政府要积极主动与公民协作，而不应该采取控制的方式。如在大理州洱海治理以及重庆市沙坪坝区缙云山国家级自然保护区治理中，地方政府都积极主动与公民进行沟通协作，最终得到了民众的大力支持，解决了民众关切的社会问题，同样也激发起了公众参与环境治理的意愿。

第五，政府与公民的协作主要发生在环境治理的后期。当环境问题已经得到了初步解决之后，地方政府才会选择让公众参与到环境治理中，因为公众参与并不适合在环境治理的所有阶段。在环境治理初期，由于外部压力较强，地方政府缺乏必要的动力去带动公众参与；在治理任务慢慢推进过程中，这个阶段往往涉及的技术水平和专业知识较强，公众参与无益于问题的解决，反而会造成治理进程滞后；而随着环境问题初步解决，此时鼓励公众参与，让公众在日常生活中发现问题、提出问题，并监督政府环境治理工作的开展，进而参与到环境治理中，不但有利于保证环境治理的可持续性，而且提升了治理的合法性。因此，公众参与应该在环境治理的后期发力。

基于此，本章归纳了“高控制—高协作”环境治理模式驱动地方政府实现环境治理高绩效的微观路径，如图 5-3 所示。

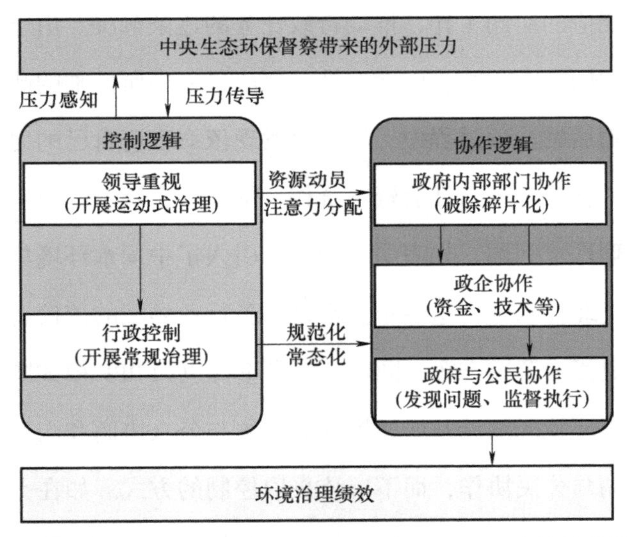

图 5-3 “高控制—高协作”环境治理模式实现环境治理高绩效的微观路径

5.2.5　研究结论与讨论

综上，通过对高绩效环境治理模式的研究，本章指出，地方政府在选择和运用“高控制—高协作”环境治理模式时，应明晰在治理过程不同阶段控制和协作的相互作用关系，理清有效的环境治理路径，这样才能真正发挥“高控制—高协作”环境治理模式的价值。

区别于传统关于地方环境治理过程的研究侧重于揭示环境治理的失败路径，本部分通过对实现高绩效的地方环境治理路径进行深入分析，揭示了有效环境治理路径的具体特征。关于地方环境治理失败路径的研究往往将原因归结为政府科层制干预的失灵、自上而下“层层加码”、上下级“共谋”等，这些原因背后其实暴露出自上而下的强干预是导致地方环境治理偏差的关键诱因。因此，相应的纠偏策略往往是进一步优化政府的干预措施，加强多主体协作。然而，对于具体如何纠偏以往研究往往缺乏关注，本部分通过对“高控制—高协作”环境治理模式的深入剖析在一定程度上丰富了这一领域的研究。对于实现高绩效的地方环境治理过程，并非要完全摆脱自上而下的政府强干预，而是要发挥政府干预的优势，并在干预的基础上进一步引入多主体协作，实现控制和协作的双双增强。

此外，对于具体如何引入多主体协作，现有研究大量聚焦于探究协作治理的过程性要素如何激励不同主体参与环境治理，却忽视了参与协作的次序对于环境治理绩效的影响。自上而下的强干预所传导的治理压力往往是经由官僚体制内部进而扩散到官僚体制外部，因此，强干预所诱发的协作往往也是从政府部门内部协作开始，进而不断传递到政府与社会资本、政府与公民协作。并且，环境治理问题是一项极其复杂的公共事务，需要涵盖公共管理、项目管理、工程管理、环境工程等交叉知识，因此，在环境问题治理之初，引入缺乏专业知识的公众参与显然效果不佳，而政府与专业的环境治理企业的协作则应该在最初阶段开展。这一发现呼应了第3章对中央生态环保督察下地方环境治理影响因素分析的研究发现，并且这一发现也为环境协作治理的研究提供了一个全新的视角，探究多主体参与协作治理的时序对协作治理绩效的影响。

本章小结

本章分析了中央生态环保督察下地方环境治理的微观路径。围绕着“目标—过程—绩效”这一分析思路，分别从治理目标、治理模式两个层面探究了地方政府实现环境治理高绩效的微观路径，运用了案例研究的方法进行分析。

首先，本章分析了“高控制—高协作”环境治理模式下治理目标是如何变化的。进而，本章总结出了地方环境治理目标的变化具体包括了确立、调适、强化、重塑的过程。其中，棘手问题和外部压力驱动初始目标的确立和重塑，这一目标是由地方政府确立的，作为后续多主体协作的协作目标；而协作过程以及阶段性绩效推动个体目标调适和强化；阶段性绩效外反馈是导致治理目标演化差异的关键。研究还进一步揭示了中国情境下治理目标演化的独特性，即双重制度逻辑的差异化匹配以及目标演化的制度情境嵌入，为中央生态环保督察下地方政府开展环境治理的目标变革提供了政策指导。

其次，本章对“高控制—高协作”环境治理模式开展了深入的案例研究，组态分析证实“高控制—高协作”环境治理模式是地方政府实现环境治理高绩效最主要的模式。本章进一步结合案例研究对这一模式的每一个路径进行了分析，发现了“高控制—高协作”环境治理模式呈现一种“外部压力推动—领导重视—行政干预—政府内部部门协作—政企协作—政府与公民协作”这一微观过程。地方政府在环境治理中，应该在控制的基础上开展协作，形成一种独特的政府主导下的协作模式，并且随着治理进程的不断推进，协作的社会化程度不断加深。

第6章

督察常态化背景下地方环境治理的框架体系研究

本章将在前面章节所分析问题的基础之上，设计面向中央生态环保督察常态化背景下地方环境治理的框架体系。一方面将对本章前文所有的分析进行一个系统性的梳理。另一方面也使得各地方政府在未来推动生态环境高质量发展中具有明确的行动方案。本章将基于“制度—结构—过程—绩效”这一治理维度的分析思路开展督察常态化背景下地方环境治理的框架体系设计，进而通过云南省大理州洱海治理、安徽省六安市城市水环境治理两个典型案例进行验证。

6.1 督察常态化对地方环境治理的影响

2019 年，中共中央办公厅、国务院办公厅印发了《中央生态环境保护督察工作规定》，明确指出未来中央生态环保督察将实施规划计划管理，将每五年一轮开展常态化督察。中央生态环保督察正式成为一项常态化、制度化的环境治理的制度安排。

作为一项运动式治理特征明显的制度安排，其在制度运行初期势必也会爆发出大量的运动式治理的顽疾，正如在第一轮环保督察甚至第二轮环保督察期间，产生了大量的地方政府表面整改、虚假整改、敷衍整改等一系列环境治理困境，“一刀切”、集中关停、政企合谋、面子工程等问题大量存在。其中很大一部分原因在于，地方政府并未将环保督察视为一项常态化的制度安排。生态环保督察在那个阶段的指导文件为 2015 年出台的《环境保护督察方案（试行）》，其处于制度运行初期，制度层面的模糊性也传导给了地方政府，因此大量地方政府也处于观望状态，未将环境治理视为一项重要的、长期的治理任务。而随着 2019 年国家出台《中央生态环境保护督察工作规定》，明确了环保督察将是未来督促地方环境治理的一项制度化措施，环保督察也从运动式治理特征明显的制度安排转型成了一种常态化的制度安排，兼具运动式治理和常规治理的双重特征，是行政逻辑和政治逻辑的混合，其对地方政府的环境治理必将产生深远的影响。

（1）开始不断探寻可持续的环境治理方案。倘若督察只是临时性的，地方政府势必为了应付督察而采取大量的临时性行为，但随着环保督察的常态化和制度化，探寻可持续的、长效的环境治理方案将是地方政府亟须解决的一项难题。本章所提出的地方环境治理框架致力于探究这一问题。前文的研究指出，构建“高控制—高协作”的环境治理模式，实现控制和协作的有效共存有利于实现环境治理高绩效。而这一模式的起点在于中央生态环保督察所营造的外部压力会有效影响地方政府党政领导的注意力分配，使得核心领导将环境问题视为地方政府必须解决的问题，进而通过行政干预以及政府与非政府主体的协作来不断推动环境问题的有效解决，在多元互动中催生公共价值的实现，推动生态环境高质量发展。而这一发现将为构建本研究的框架奠定基础。

（2）地方政府开始打破传统的控制逻辑主导，不断引入多元协作。《关于构建现代环境治理体系的指导意见》(2020）指出，要构建党委领导、政府主导、企业主体、社会组织和公众共同参与的现代环境治理体系。因此，在督察常态化背景下地方政府的环境治理也应该要逐渐摆脱传统的政府控制的环境治理思路，积极探索不同的协作方案。当然这一协作也有其特殊性，前文的分析指出，地方政府在环境治理中不能单纯地放弃政府控制，而是要在控制的基础上引进协作，控制和协作共存的最佳状态是控制后的协作，并且随着治理进程的不断推进，协作的社会化程度将不断加深。

（3）在完成督察任务的基础上实现公共价值。中央生态环保督察具有明确的任务导向，会根据下沉的调研情况向地方政府指明环境问题，并且通过“回头看”的方式进一步约束地方政府的治理行为。倘若地方政府并未从系统的、整体的、全局的角度出发去整改环境问题，而仅仅以任务导向去治理，势必会造成地方政府难以从根源上解决环境问题。完成整改任务并不意味着治理好了一个环境问题，一个好的治理应该是实现多方主体的价值共创，在完成整改任务的基础上进一步推动公共价值的实现。只有转变这一治理思路，督察常态化背景下的地方政府才会真正实现生态环境的高质量发展。

（4）在地方环境治理中要实现双重制度逻辑的有效管理。这是本书中一个最为重要的发现。随着中央生态环保督察向纵深推进，地方政府势必会面临着持续的外部压力，而这一压力会传导到地方政府的环境治理行为中，地方政府在环境治理中依然会采取大量的政府控制的手段。但与此同时，地方政府在控制的基础上，为了实现环境治理的可持续性也必须引入协作，控制和协作的共存将成为未来地方环境治理最重要的一种特征。由于“高控制—高协作”的环境治理模式是地方政府实现环境治理高绩效最重要的模式，因此，未来地方政府将在平衡控制和协作之间的冲突和张力之中去进行环境治理工作，而并非仅仅运用控制或者协作。

6.2 理论分析

本部分将基于治理理论和悖论理论搭建基于“制度—结构—过程—绩效”的地方环境治理的框架体系。

6.2.1 基于“制度—结构—过程—绩效”的理论框架

关于治理理论的定义，学者们给出了不同的见解。Stoker（2006）认为，治理理论起始于人们关注到公共行政的主体已逐渐突破单一的政府机构，开始关注社区、私人部门、志愿组织等在公共服务及项目实施中所扮演的角色。Rhodes（1996）进一步指出各主体之间呈现出一种网络关系。区别于传统公共行政和新公共管理对效率的重视，治理理论的重点在于较好地解决了公共行政的效率与价值的悖论，指出治理可以实现民主、价值与效率的协同。具体而言，在治理视角下政府管理往往是去中心化的、多元的、全面的、网络的，政府抑或官僚制并非解决问题的良药，通过政府权力的社会让渡，公民、第三部门、企业等均以各种形式参与进来形成不同的治理结构，其间伴随着不同的竞争与合作，从而克服官僚制的弊端，实现政府与社会的良性互动。其中，层级制确保了制度的良性供给，带来公共价值的实现，而市场和网络则实现效率的最优。

相比传统政治行政二分范式，治理理论并未与政府中心的观点相决裂，也并未过分强调自下而上参与的极端化。其理论暗含：首先，治理不单单是一种线性思维，并不存在所谓的“最佳路径法”。最佳管理途径受到任务性质、价值创造、周围环境、背景因素等多方影响，治理更多地意味着一种机制，需要在特定情境中去选择不同的治理结构。其次，治理不单单是一种控制思维。最彻底的集权和分权均呈现糟糕的治理绩效，尽管早期的治理论者强调“没有政府的治理”，但随着理论的演进逐渐出现了向国家回归的特征，政府在治理中的角色逐渐被重视；同时，关于社会主体在治理中的角色也并非理想化的多多益善，公私伙伴关系的引入不但对政府提出了更高的要求，同时也伴随着可能的公共价值的流失，而有效的公民参与往往是在限制条件下进行的。最后，治理是一个精致的过程，良好的治理需要通过有效的过程来实现。

进一步，学者们指出，治理主要包含制度、结构、过程和绩效四个维度。其中，制度层面主要指治理规则的设计，通过设计规则来约束行动者的行为，明确治理的边界；结构维度则包含不同的利益相关者的范围以及对应的网络结构，治理应该具有不同的网络结构，并且不同的网络结构中的行动者互动的方式也是不一样的；过程维度则是在制度约束和现存的网络结构中，利益相关者之间互动、协调等；治理绩效是治理的结果，绩效的实现往往包含了直接的治理结果以及更广泛的公共价值实现，一个好的治理绩效应该具有正的外部效应。因此，督察常态化背景下地方环境治理的框架体系设计也应该遵循这一分析思路。

6.2.2 控制和协作共存的框架体系设计思路

基于对中央生态环保督察下地方环境治理进行深入系统的分析，经过大样本回归分析、中等规模样本的组态分析、典型案例的案例研究，本书证实了“高控制—高协作”环境治理模式是实现地方环境治理高绩效的主要模式，在地方环境治理中要实现控制和协作的共存，有效管理双重制度逻辑的关系。

其中，悖论的相关研究为有效管理双重制度逻辑提供了思路（Sparr et al.，2022），基于管理悖论的研究，学者们总结了包括设置招聘策略、模糊战略目标、保持组织弹性、设置行动边界、形成悖论思维等诸多管理策略。Lewis and Smith（2022）提出的悖论系统框架对如何管理悖论提供了一个富有指导性的图景，包含个体层面的设想和安慰以及所处情境层面的边界和动力，这些要素之间形成了一个彼此交互、相互强化的悖论系统。其中，“设想”强调个体在处理悖论中思维方式的重要性，如形成一种悖论框架；“安慰”关注个体在处理悖论过程中的情绪价值，如以积极的情绪接纳悖论；“边界”则是在处理悖论中形成的一种结构，包括最终愿景、组织结构分隔和混合的耦合以及防止失控的“行动护栏”；“动力”则指出在处理悖论中应进行持续不断的变革，关注悖论逻辑之间的动态变化。整体而言，Lewis and Smith（2022）的研究呈现了个人与情境之间彼此影响的悖论管理方式，为分析地方政府在环境治理中管理控制和协作的悖论提供了启发。

基于对治理理论和悖论理论的深入分析，地方政府不但要通过控制和协作的共存进而保证环境治理的可持续性，而且要通过有效管理实现控制和协作的共存。因此，本章基于“制度—结构—过程—绩效”这一典型的治理理论分析框架，结合前文影响因素、治理模式和路径的分析结论，将分别从制度设计、组织结构、互动过程和绩效实现四个维度出发去分析地方政府如何在环境治理中实现控制和协作的共存，以及如何有效管理因控制和协作共存可能会造成的紧张关系，进而设计督察常态化背景下地方环境治理的框架体系。

6.3 地方环境治理的框架体系设计

本部分从制度、结构、过程、绩效开展地方环境治理的框架体系设计，分析控制和协作双重制度逻辑如何在其中实现有效兼容。

6.3.1 制度层面

现有研究初步探讨了在环境治理的制度设计上实现不同逻辑的耦合。传统观点认为，常规模式和动员模式依托不同的制度逻辑往往呈现出此起彼伏的特征，运动式治理往往被视为常规治理的纠偏机制。但新近研究指出，运动式治理也逐渐走向了常规，即“运动式治理常规化”。科层制的优势在治理现实问题中往往难以发挥其作用，进而导致以党委重视为核心的运动式治理逐渐成为一种常规化的治理手段。同时，也有学者明确指出其结果是“内卷化”“破坏性而非建设性”，其背后的逻辑在于将运动式治理嵌入在常规治理之中，甚至取代常规治理，因此既会丧失科层制的优势同时也会丧失运动式治理的优势。最新研究则认为，如果常规和动员两者之间实现有效结合，能够最大限度地激发政府治理潜能，进而修正常规治理和运动式治理的二元分化，实现治理范式转型，如徐明强和许汉泽（2019）提出的“运动其外与常规其内”的模式，以及孙岩和张备（2022）总结出的地方政府环境政策有效执行的三条路径，均一定程度上实现了常规和动员的有效结合。但基于常规模式和动员模式的讨论始终限定在了控制这一单一的逻辑，在分析具体治理现实时暴露出了明显的不足。后续研究开始逐渐引入“协作”的逻辑，如学者们基于“行政控制—多元参与”的二维分析框架对地方政府的环境治理行为进行探讨。但在这些研究中，控制和协作并非处于一种均衡的状态，协作往往被控制所吸纳，或是服务于政府的控制，成为政府实现治理绩效的工具。

当然，出于提升“制度执行力”的考量，无论是运动式治理与常规治理交替、运动式治理常规化、运动和常规并行以及协作逻辑的嵌入都能够发挥其应有的作用，而以丧失社会力量的自主性或者将其工具化显然并不能真正实现“制度执行的可持续性”。因此，学者们呼吁在控制和参与双双增强的背景下，制度设计应从“凝闭”走向“参与”，但又不能不切实际地过分强调社会力量的价值。所以如何实现“控制”和“协作”的动态均衡就成为制度设计上亟须解决的议题，悖论的视角提供了一个新的切入点。本部分将分别从治理目标、政策工具和制度边界三个维度出发完成制度层面的地方环境治理的框架体系设计。

1. 治理目标

目标可以定义为组织寻求实现的任何目标。在督察常态化背景下地方政府将面临双重目标，即控制维度的目标和协作维度的目标。控制维度的目标意味着地方政府在设置目标时需要考虑自上而下的行政和政治影响，这一维度的目标通常具有明确的绩效标准、工具要求和时间节点。相比之下，协作维度的目标意味着地方政府必须考虑自下而上的利益相关者目标，这些目标不仅对每个利益相关者来说是不同的，而且往往需要很长时间才能就共同目标达成一致。同时考虑自上而下和自下而上的目标，增加了地方政府在目标设置中的难度。然而，地方政府不能忽视任何一个方面。例如，研究指出地方政府只追求控制维度的目标，会造成政商关系的恶化。

然而，在目标设定中有效地管理控制与协作之间的紧张关系是很困难的。基于 Bryson et al.（2016）的研究，地方政府在制定环境治理目标时必须考虑价值、网络和组织这三个维度。由于政府难以直接影响个体目标设定，因此本章将重点分析价值和网络层面的目标设定。政府在设定价值目标时应该考虑大局，注重宏观层面的战略设定，为不同利益相关者描绘愿景以及蓝图，这样可以激发利益相关者之间的情感联系，引导不同的利益相关者看到逻辑共存的优点，推动不同利益相关者开展协作（Raffaelli et al.，2019；Lewis and Smith，2022）。其中，一词多义是一种有效的目标设定策略，现有研究指出，一词多义为不同的利益相关者在同一环境中共存提供了空间，并帮助他们在其中找到自己的价值（Gümüsay et al.，2020）。正如在目标演化中分析的那样，追求环境治理的可持续性成为进一步有效引导各主体参与环境治理的终极目标。网络层面的目标设定则应该同时考虑不同利益相关者的具体需求，并允许基于具体任务和计划的争论（Sundaramurthy and Lewis，2003）。通过不同观点的互动，可以激发创新，从而产生良好的治理绩效。因此，地方政府应邀请利益相关者参与网络目标的制定，将其个体目标与网络目标相匹配，从而增强网络目标的合法性，其中包容模式、实质程序和高效领导力在其中发挥着重要作用，进一步强化了主体之间基于目标的良性互动。

因此，地方政府在治理目标设置中应该同时纳入控制维度和协作维度的目标，可以通过一词多义、基于具体任务的互动来管理在目标设置中控制和协作之间的冲突。

2. 政策工具

政策工具是实现政策目标的手段，其存在于政策的全过程之中，包括议程设定、政策执行、政策评估等。关于政策工具的研究大致围绕着政策工具的分类、选择和运用来进行。大量学者基于不同的视角对政策工具进行了分类，如 Hood and Margetts（2007）从政府资源角度出发提出了“NATO”框架，包括信息枢纽、法理权威、财税手段和正式组织；Hughes（2017）将其分为供应、补贴、生产、管制等。然而，正如 Bali et al.（2021）指出，现有研究往往过于关注对实质性政策工具的分析，而忽视了对程序性政策工具的影响。具体而言，基于不同的目标导向可将政策工具分为实质性和程序性，实质性政策工具是指直接影响公共物品和服务的生产、消费和分配，而程序性政策工具则更多关心与政策过程相关的政府内部的行动，其对生产、消费和分配的影响是间接的，如建立或改变治理网络、创新公共物品提供模式、创建各种组织吸引社会公众参与、加强信息交流和知识传递等。目前，对于程序性政策工具在政策过程中的选择和运用还并未得到学界充分关注，处于刚刚起步阶段。de Vries（2021）

分析了澳大利亚基层政府是如何运用各种倡议活动去推动由上级政府发起项目的变革；Lewis et al.（2021）则将这种程序性政策工具视为一种治理模式，进而分析在街头官僚执行任务中实质性政策工具与程序性政策工具的匹配问题；Demircioglu and Vivona（2021）区别于以往将公共采购视为一种影响经济和社会的实质性工具，从程序性的视角出发，分析了公共采购对公共部门创新的影响。当然，运用程序性政策工具也需要与实质性政策工具相匹配，不恰当地使用程序性政策工具反而会对实质性政策工具的运用产生负向影响。

环境政策工具研究是环境政策研究领域的主要方向之一。由于市场失灵导致政府大量运用命令控制型工具，如监管、环境质量标准、污染控制目标等，命令控制型工具已经被证实在处理环境问题上的有效性，因此被大量使用（Jordan et al.，2013)。但随着环境问题复杂性的提升，新的工具也逐渐涌现，学者们将其分为市场导向工具、志愿协议工具和信息提供工具。其中，市场导向工具旨在通过经济手段鼓励企业进行技术创新、降低治污成本、提高达成环境治理目标的灵活性；志愿协议工具更多的是第三方的工具，旨在鼓励企业自愿参与，如ISO 14001认证；信息提供工具则主要解决信息不对称问题，如要求企业披露各种环境信息等（Pacheco-Vega，2020)。

以往关于环境政策工具的研究主要分析了各类实质性政策工具在地方政府环境治理中的运用，而对于强化协作的程序性政策工具在政策工具的设计和运用中往往被忽视了。其实，两类政策工具都有各自的优势。通过实质性政策工具的运用可以有效规制利益相关者的不遵从行为，而程序性政策工具则通过影响网络的过程和结构从而更好地协调协作过程，进而提升协作效率。因此，地方政府在政策工具的设计中要基于政策混合的视角

（Edmondson et al.，2019；Trotter and Brophy，2022），同时考虑实质性政策工具和程序性政策工具的运用。

过去，地方政府广泛使用命令控制、市场和其他实质性政策工具。大量实质性政策工具甚至被用来管理网络问题。因此，由于路径依赖，程序性政策工具可能难以成为政府关注的焦点。所以，地方政府需要加强程序性政策工具的使用，提高网络管理能力。同时，地方政府要均衡配置，合理设计各种政策工具的使用范围。例如，程序性政策工具主要侧重于过程管理，应在具体过程的管理中加强对其的使用；实质性政策工具侧重于结果管理，应在结果管理中加强对其的使用。

因此，地方政府在政策工具的设计中应该同时加强实质性和程序性政策工具的运用，并且根据具体的控制和协作的要求灵活选择合适的政策工具。

3. 制度边界

在具体的制度设计中，地方政府也要进一步明确控制和协作发挥作用的边界，当控制超越了临界点就会产生过度控制的结果，不但会造成核心利益相关者参与的缺失，还极易产生“一刀切”等破坏性的环境治理结果，大大降低地方政府的合法性。当协作超越了临界值就会产生效率低下的问题，例如，如果利益相关者对于所有的环境治理问题都在寻求共识，就会造成协作成本大幅上升。并且，利益相关者将会对外部变革产生抵抗心理，导致环境治理绩效难以产生实质性的提升。因此，明确控制和协作的边界有利于防止控制或者协作极化，同时也可以让行动者在边界范围内自由行动，在碰到边界时及时调整战略，防止陷入过于强调单一逻辑而由之带来的恶性循环圈（Lewis，2000；Smith and Lewis，2011）。

因此，地方政府应该设置控制和协作发挥作用的边界，前文的研究指出，控制应该在协作之前发挥作用，并且控制也不应该被排除在政府与非政府主体的协作之中。此外，随着治理进程的推进，协作的社会化属性将会越来越强，应该鼓励地方政府在治理的前期强化控制，而在治理的中后期强化协作。

6.3.2 结构层面

以往关于地方环境治理组织结构的研究往往是基于控制逻辑的视角，形成“政府—其他利益相关者”的单一结构。从政府内部来看，呈现一种碎片化结构，表现为环保、能源、住建、发改等部门缺乏联动性。从政府和其他利益相关者的关系来看，一方面出现了政府单方面规制企业进行环境治理，形成单向的控制关系；另一方面也存在“合谋”的双向互动。因此，基于控制逻辑的组织架构往往呈现出单向的、封闭的特征，类似于学者提出的“轮形”结构。基于网络视角的协作逻辑关注治理过程中的多主体参与特征；一方面强调政府内部构建府际间、部门间的协作网络，实现对跨域、跨部门问题的解决；另一方面也强调政府内部与非政府主体之间协作网络的构建，基于共同目标、资源互补来形成彼此关联的网络，从而最大限度地激发各方能力。因此，基于协作逻辑的组织架构往往呈现出多节点、开放的特征。整体而言，结构层面主要涵盖了不同利益相关者以及由此形成的不同网络结构。

1. 利益相关者

督察常态化背景下的地方政府在组织结构中也要实现控制和协作的共存，在选择参与治理的利益相关者时，在控制维度，既要考虑政府部门的参与，同时也要考虑党组织的参与，因为党政的结合能够最大限度地防止行政官员规避责任、利用信息优势为自己牟利等行为，同时也可以实现行政组织的专业优势与党组织的权威优势有效结合；在协作维度，除了将传统的污染企业、群众等直接利益相关者纳入网络之中，同时也需要将治污企业、社会资本、环保人士、环保组织等潜在利益相关者纳入网络之中。这些群体能够通过技术创新、共同生产等多种途径最大限度地降低政府环境治理成本，提升环境治理绩效。因此，结合前文的组态分析，地方政府在选择网络行动者时，应该基于不同的环境问题，选择性地与非政府主体协作。

2. 网络结构

在网络结构的选择上，基于协作逻辑的网络主要是参与者发起并治理的，利益相关者之间彼此联系，网络中权力是分散的，成员之间进行平等的互动，政府不必然参与到网络之中，呈现出“共享治理”结构的特征；而基于控制逻辑的网络是一种“轮形”结构，作为唯一决策制定者的地方政府往往与其他利益相关者之间进行单向互动，并且利益相关者之间彼此并不存在联系。而在“高控制—高协作”环境治理模式中，既需要利益相关者之间利用自身的资源进行互动，从而创造出超过利益相关者单独使用资源价值的总和；同时，政府又必须在网络中加以合理控制，从而克服集体行动困境、降低协作成本，还可以为网络提供必要的治理资源。因此，网络结构呈现出一种“领导者治理”的特征，即地方环境治理中的不同利益相关者均参与到网络之中，利益相关者之间权力分散，进行平等的互动，而政府在其中扮演着领导者的角色。相关网络结构如表 6-1 所示。

表 6-1　网络结构

	轮形治理	共享治理	领导者治理
地方政府角色	控制者	参与者	领导者
控制程度	强	弱	中等
协作程度	弱	强	中等

（续）

	轮形治理	共享治理	领导者治理
网络结构	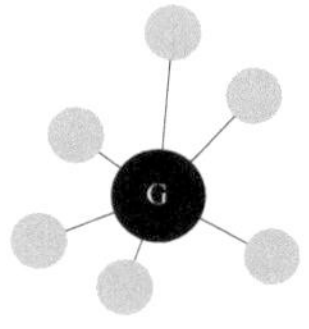 G 二元的	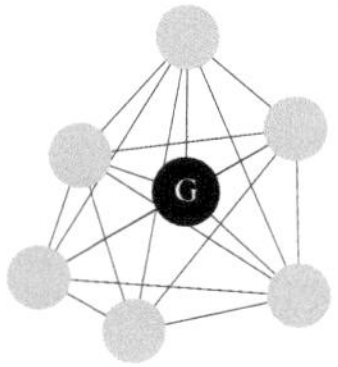 G 多元的	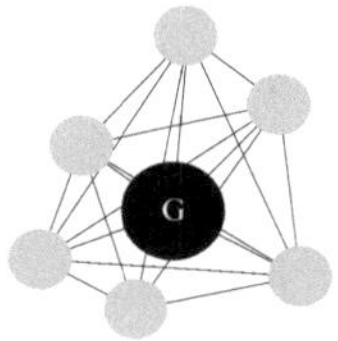 G 多元的

注："G"为地方政府。虚线表示，与利益相关者和地方政府之间的关系相比，利益相关者彼此之间的联系较弱。参见 Bridoux and Stoelhorst（2022）、Provan and Kenis（2008）。

不过，邀请潜在利益相关者参与到环境治理网络中往往是困难的，由于政府在网络中扮演着领导者的角色，潜在利益相关者可能会担心网络被政府所控制，进而拒绝参与到网络治理中，或者担心即使参与到网络之中，也可能会由于权力不对称进而被边缘化。因此，作为网络的领导者，地方政府可以召开集体论坛，主动邀请利益相关者参与并进行沟通协商，了解利益相关者之间的不同需求，通过这种方式可以化解利益相关者之间的潜在冲突。而且，地方政府还应该为每一个利益相关者提供单独的对话空间，这将释放一个积极的信号，使得其余行动者能够意识到政府将其视为一个平等的主体，增强其参与的积极性。但政府的注意力是稀缺的，并不能够保证所有的行动者都能得到政府完全的关注，为了防止一些具有核心资源的行动者被忽视，政府应该在让其他行动者满意的基础上进一步强化与核心资源拥有者互动，或者在紧急情境下优先与具备相关资源的行动者进行互动（Barney，2018）。

总的来说，在环境治理中地方政府要注重构建与环境问题密切相关的利益相关者的协作网络，同时在同利益相关者进行互动的过程中要主动搭建互动平台、积极与利益相关者平等协商，并根据任务的紧急程度以及利益相关者所拥有资源的稀缺程度，选择性地与利益相关者进行互动。

6.3.3 过程层面

尽管在制度设计和组织架构中实现了控制和协作的动态均衡，但在具体的治理场域中行动者也往往需要进行逻辑兼容。因此，在构建督察常态化背景下地方环境治理的框架体系时也应该聚焦于过程这一微观的视角。

1. 地方政府的治理思维

在地方政府的治理思维上，既要遵循以往自上而下的行政任务和政治任务的要求，同时又要考虑自下而上的多主体的参与需要，这就需要地方政府在治理过程中形成一种兼容思维，即在认知上同时拥有控制和协作逻辑。现有研究证实行动者将相互对立的逻辑有效融合能够产生创新（Jay，2013；Lewis and Smith，2022），将控制和协作视为一种悖论而并非一种对立的关系能够加深行动者对问题的理解，进而找到更好的行动方案。悖论思维将大大促进地方政府在环境治理中的学习能力和灵活性，使得当地方政府在治理环境问题中遇到控制和协作逻辑发生冲突时，也能够正视并解决问题，而非逃避问题（Miron-Spektor et al.，2018）。

而兼容思维的形成往往是非常困难的，由于人的认知具有局限性（Berti and Simpson，2021），可能难以意识到甚至难以接受对立的观点。在面对相对立的逻辑时，长期以来受到控制思维限制的政府人员可能难以接受需要同时处理大量的协作关系，在这种情况下，控制和协作共存的关系对于政府人员来说将是一种挑战。地方政府可以通过培训、学习等方式逐渐让政府人员适应并接受悖论式的思维。其中，积极情绪的培育至关重要，培育积极的情绪对于拓宽视野、转变思维方式具有重要的作用，正如心理学家指出情绪影响人的行为，积极、稳定、开放包容的情绪有助于政府人员适应和接纳对立（Lewis and Smith，2022；Pradies，2023）。

因此，地方政府应逐渐摆脱以往环境治理中只关注控制或者协作的“either or”的思维，引入“both and”思维，将控制和协作的悖论式关系视为地方政府在环境治理中所必须面对的，进而不断适应和接纳对立，形成兼容思维。

2. 政府内部成员互动

当对立逻辑进入组织时，它会引发组织成员对组织身份的认同问题，在这种情况下会发生身份冲突（Gümüsay et al.，2020；Song，2023）。组织认同是成员如何相信、感知和看待他们的组织（Gioia et al.，2013）。当控制逻辑和协作逻辑同时嵌入到政府组织中时，就会产生政府作为控制者还是协作者的冲突。长期受控制逻辑约束的政府官员可能很难接受协作逻辑。而一些长期处理协作问题的基层工作人员可能难以接受需要大量回应上级政府的控制，身份冲突增加了政府组织成员之间的紧张关系。

为了缓解组织内部的身份冲突，学者们确定了两种策略：分隔和混合。分隔策略是对组织进行结构化的划分，以确保不同的成员从事与其身份一致的活动，从而减少秉持不同逻辑的成员之间的直接冲突。混合策略则注重分析两种身份之间的兼容性，形成新的组织结构，不同逻辑的成员可以找到共同的目标，减少冲突。地方政府可以有选择地实施分隔和混合策略，以化解组织内部的身份冲突。如在南明河的治理中，地方政府设立了单独的南明河整治项目 PPP 领导小组和指挥部，将长期从事项目管理的地方政府部门纳入其中，而又成立了其他的环境治理协作小组负责开展其他环境治理工作。而在混合策略的运用中，地方政府形成了一套统一的环境治理政策方案，根据不同部门和利益相关者的功能分别匹配不同的治理任务，实现了不同主体间的有效兼容。

因此，地方政府在政府组织内部应该灵活运用分隔和混合策略，进而有效化解由于控制和协作双重逻辑共存而带来的组织内部的身份冲突问题。

3. 政府与非政府主体的互动

地方政府除了需要克服对立逻辑在组织中共存可能会带来的身份冲突问题，同样也面临着在与非政府互动中如何去化解控制和协作的冲突问题。基于控制逻辑，地方政府设定绩效目标，为利益相关者提供资源，并通过奖惩手段推动其实现绩效目标，从而规制机会主义行为。基于协作逻辑，地方政府需要信任利益相关者，相信他们不会产生投机行为，并激励他们朝着目标努力。

基于控制逻辑的合同和规制等手段可以用来解决治理绩效可明确衡量的环境问题。然而，随着环境问题不确定性和复杂性的增加，政府与利益相关者之间信息不对称和不可预见的风险急剧增加。这些复杂性很难通过签订合同或设计绩效指标有效解决，而且合同也往往是不完备的。因此，仅仅运用控制手段并不能解决这些问题。而关系治理可以促进行动者之间的信息流动，增强凝聚力和信任，并改善不同行动者在合作中的资源投入，弥补治理过程中控制所带来的不足（Granovetter，1985；Warsen et al.，2019）。现有研究指出，PPP 治理中契约治理和关系治理的混合和匹配可以提高 PPP 绩效（Warsen et al.，2019），Lewicki et al.（1998）解释了信任和不信任的共存有利于产生高绩效。因此，在与利益相关者的互动中，控制与协作共存有利于实现环境治理绩效。

然而，地方政府在与同一行动者互动时，很难实现控制（不信任）与协作（信任）的共存。因为在这种情况下，地方政府需要使用不同甚至相反的心理机制（Coletti et al.，2005）。而差异化管理策略可以解决这些矛盾。

首先，地方政府在与新的利益相关者互动或在环境治理的早期阶段应该加强控制。因为信任需要时间来培育，所以在治理初期或者面对一个全新的利益相关者时往往缺乏信任。随着治理进程的不断推进，控制力要逐渐弱化，协作应进一步加强。正如第5章研究发现所指出的，随着治理进程的不断推进，协作的社会化程度将不断提升。其次，现有研究证实信任或不信任可能被证明是功能性的，应该对利益相关者的能力给予信任。在这种情况下，信任会大大增强他们的创造力。例如，对于污染治理的技术创新，专业的环境治理企业可能比政府更有效。面对利益相关者可能产生的人性弱点、利用信息优势从事机会主义行为的活动，地方政府应加强对利益相关者的控制。因此，地方政府在同利益相关者互动的过程中要信任其能力，而对可能产生的机会主义行为应通过建立相关约束机制加强控制。

整体而言，地方政府在同非政府主体互动中，要实现控制与协作的共存，这样既能够有效规避其他利益相关者可能产生的机会主义行为，同时又能够激发其创造力。地方政府可以采取差异化的管理策略去规避与利益相关者互动中可能会面临的控制和协作共存所带来的冲突。

6.3.4　绩效层面

实现控制和协作的动态均衡往往是推动组织实现长期、可持续绩效的关键，在治理过程中实现控制和协作逻辑的有效兼容，进而推动产生环境治理高绩效。本章指出这一绩效产生具体体现为两个方面。

一是“回应控制”，即控制和协作的有效共存需要实现控制层面的目标。控制维度的绩效往往通过是否完成了具体的治理任务来衡量。如从政府层面出发，是否通过“高控制—高协作”的治理模式实现了上级政府规定的环境治理任务；从企业层面出发，企业是否严格按照政府的要求完成了相应的清洁能源改造、产能升级、节能降耗等指标任务。不难看出，控制维度的绩效往往是约束性指标，也是地方政府在环境治理中首要且必须完成的。但仅仅考虑控制维度的绩效实现会出现大量弊端，正如在当前的环境治理中，大量地方政府采取了“形式主义”“数据造假”等诸多手段来完成这一治理目标。因此，需要考虑协作维度的治理绩效。

二是“回应协作”，即控制和协作的有效共存需要实现协作层面的目标。协作是涵盖了多主体的网络，因此“回应协作”一方面就是要实现参与环境治理的不同协作主体的治理绩效，如企业在参与环境治理中实现利润增加，公民在参与环境治理中实现了环保意识的增强，体会到了周围环境质量的明显提升等；另一方面通过协作可以实现单一主体所难以实现的治理绩效，即各个主体在实现自身绩效的基础上催生了公共价值的实现，环境治理真正实现了长期的可持续的绩效。但是，当协作不能快速及时回应政府控制维度的绩效时，政府可能不愿意发起协作治理，因此，协作绩效的实现往往是以控制层面的绩效实现为基础的。

基于此，本研究认为有效运用“高控制—高协作”环境治理模式，能够同时实现控制和协作维度的治理绩效，实现参与协作的各方利益相关者的共同治理目标，进而催生环境治理中的公共价值实现。

6.4 基于“制度—结构—过程—绩效”的地方环境治理框架体系构建

基于对控制和协作双重制度逻辑如何在“制度—结构—过程—绩效”

中实现兼容的理论分析，本章将搭建地方环境治理的框架体系，并继续选择典型案例检验这一框架的现实有效性，同时加以完善。

6.4.1　地方环境治理框架体系构建

通过将治理理论与悖论理论相结合，结合前面章节的分析结论，本章从“制度—结构—过程—绩效”四个维度出发设计了督察常态化背景下地方环境治理的框架体系。具体而言，制度层面包括治理目标的设定、政策工具的选择、制度边界的明晰；结构层面包括参与治理网络的利益相关者及其相应的网络结构；过程维度包括治理思维、政府内部互动、政府与非政府主体互动。其中，制度设计、组织结构与治理过程之间是彼此影响的，从而催生环境治理绩效的实现。进而，本章分别从上述四个维度对框架体系的具体设计策略提供了明确的思路。整体框架体系设计如图 6-1 所示。

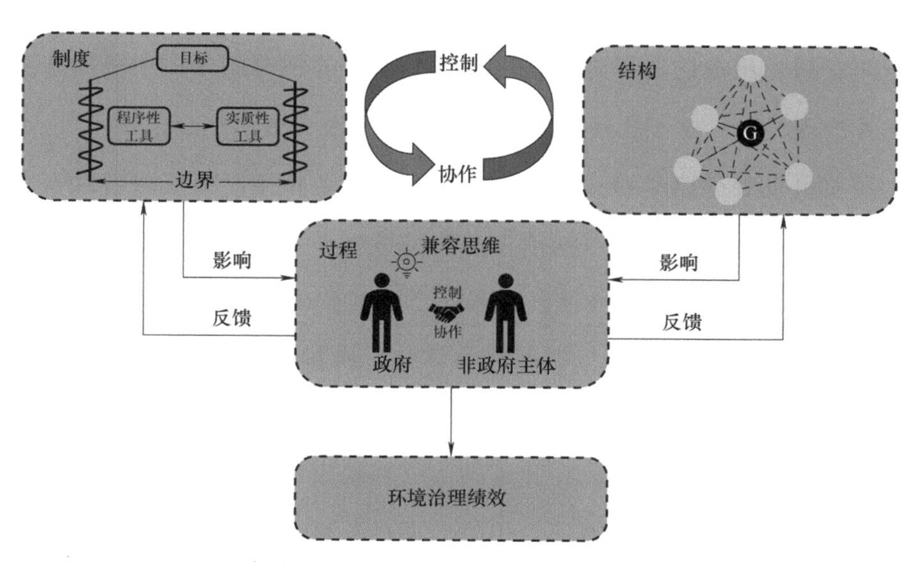

图 6-1　督察常态化背景下地方环境治理的框架体系设计

6.4.2 研究设计

为了更好地验证这一框架体系的实际应用价值，下面将运用案例研究的方法，选择云南省大理州洱海治理、安徽省六安市城市水环境治理两个典型案例，解释地方政府在具体的环境治理实践中如何在“制度—结构—过程—绩效”维度实现控制逻辑和协作逻辑的兼容。

1. 案例选择依据

第一，遵循典型性原则。洱海治理是习近平总书记重点关注的生态环境治理议题，2015 年 1 月，总书记来到洱海边的湾桥镇古生村，了解洱海生态保护情况，做出“一定要把洱海保护好”的重要指示。在云南省委省政府的高度重视下，洱海生态环境治理取得了显著成效，2017 年洱海被作为第一批流域水环境综合治理与可持续发展试点、2021 年底“洱海模式”被国家发展改革委推广、2021 年入选生态环境部全国美丽河湖优秀案例。并且，相关治理经验多次被《人民日报》、新闻联播、焦点访谈等媒体报道。更为重要的是洱海保护中所提炼的优秀治理经验，对于我国西部地区践行“绿水青山就是金山银山”，走上高质量发展道路具有重要的引领意义和示范作用。而安徽省六安市城市水环境治理是政企协同治理的典型案例。六安市积极主动引进了三峡集团所属长江生态环保集团有限公司对水环境问题进行系统治理，形成了独具六安特色的“厂网河一体化、供排水一体化、城乡一体、建管一体”四个一体治理模式，其“水管家”治理模式形成一种城市水环境治理的全新模式。在此基础上，六安市城市洪涝、污染等复杂的水环境问题得到有效治理，相关治理经验被各级政府和中央主流媒体宣传和点赞。

第二，遵循启发性原则。在大理洱海治理中，地方政府一方面强化政府控制，发起了“七大行动”“八大攻坚战”；另一方面也主动加强协作，邀请了企业、社会资本、公民参与到洱海治理中。同样地，在六安市城市水环境治理中，地方政府主动与专业环境治理公司合作，成立了“水管家”，统筹治理水环境。因此，在这两个案例中，地方政府实现了水环境治理场域中控制逻辑和协作逻辑的共存，这为进一步探究两种逻辑之间的兼容策略提供了极佳的样本。

2. 数据收集和整理

云南省大理洱海生态环境治理的资料主要来源于三部分，分别是：访谈资料、观察资料、文本资料。

访谈资料：研究团队在2023年5月份对洱海生态环境治理进行了详细的调研工作，对参与洱海治理的大理苍洱投资建设有限责任公司的核心负责人及相关管理人员、洱海沿岸中国水环境集团建设的古城下沉式污水处理厂的核心负责人及相关管理人员、负责洱海治理的相关政府人员等共计20人采取半结构化访谈的方式进行了深度访谈。在访谈结束后，研究团队第一时间将所有的录音资料进行详细的归纳、整理，同时进行转译。最终一共形成7万余字的正式访谈资料。除了访谈之外，团队成员还举办了5次小型非正式座谈会，让他们分享在洱海治理过程中所遇到的困难以及相应的解决措施，共计时长5个小时左右。

观察资料：除了访谈，研究团队还对洱海周围的生态廊道、污水处理厂进行了参观，由项目负责人带领进行讲解，了解到了洱海周围环境基础设施的建设情况、污水治理情况、居民拆迁情况等。

文本资料：从云南省、大理州、市等地方政府以及参与洱海治理的不同社会资本、中央和地方主流媒体报道等多个渠道，共搜集了100余份洱海生态环境治理相关的文本资料，同时也对主流媒体上关于洱海治理相关的视频访谈资料进行了搜集，获得了150分钟左右的视频资料。这些资料详细描绘了洱海生态环境治理的相关细节，实现了对访谈资料和观察资料的有效补充，形成了稳定的数据三角。

六安市城市水环境治理的资料来源主要是二手资料，分别从政策文件、媒体报道以及学术论坛三个维度搜集资料，以确保数据资料的丰富性以及可靠性。

从安徽省、六安市两级政府以及参与六安市水环境治理的三峡智慧水管家有限责任公司、长江生态环保集团、中央和地方主流媒体报道等多个渠道，共搜集了100余份与六安市城市水环境治理相关的政策文件和新闻报道。同时，在2023（第五届）中国城市水环境与水生态发展大会上，来自社会资本方和政府方的相关负责人对六安市城市水环境综合治理情况进行了详细汇报，为本研究提供了详细的数据资料。这些数据通过交叉验证，能够形成稳定的数据三角。

两个案例相关资料来源如表6-2所示。

表6-2　资料来源

	数据来源	访谈资料	观察资料	文本资料
大理州洱海治理	类别	20人次的半结构化访谈，5次非正式座谈会	48小时现场观察	100余份文件，150分钟视频
	描述	2位政府官员，7位社会资本方管理者，11位项目员工	参观洱海周围的生态廊道、污水处理厂	文件资料：省、州、市政府部门的政策文件、媒体报道、社会资本方对项目的报道以及分享的项目信息等 视频资料：政府、媒体和项目公司发布的洱海治理视频

（续）

	数据来源	视频资料	媒体报道资料	政策文件资料
六安市水环境治理	类别	5位专家对六安市城市水管家的治理报告	60余份新闻报道	40余份政策文件
	描述	1位政府官员，4位社会资本方管理者	涵盖中央、地方主流媒体报道、生态环境部以及地方环保部门报道、社会资本方的相关报道	涵盖安徽省、六安市以及下辖各区县的政策文件

3．数据编码和分析

具体的编码过程如下所示：首先，运用时序分区的方法分别对大理州洱海治理和六安市城市水环境治理的关键事件和核心证据进行排列，进而描绘两个案例的时间图景。其次，从制度、结构、过程、绩效四个维度对搜集到的访谈资料、文本资料和观察资料进行分类标注，开始进行“贴标签”的工作，形成一阶构念。这个过程由两个作者背靠背进行，对于有歧义的地方，两位作者之间先进行讨论，仍然难以达成共识的地方则向环境治理、公共治理、组织管理等领域的专家和学者进行请教，直至达成一致。最后，将这些一阶构念进一步提炼和归类，形成对应的二阶主题，然后与前文的分析框架进行对比性验证，提炼对应的聚合构念，进而通过理论和案例的循环迭代确定构念之间的逻辑关系，最终形成稳健的地方政府环境治理双重制度逻辑兼容的分析框架。

关键构念的设计如下：

第一，制度兼容。制度兼容将分别从目标兼容、工具兼容、边界定位三个维度识别。其中，目标兼容是指在环境治理过程中地方政府确定的治理目标能否兼容控制和协作逻辑；工具兼容是指在环境治理过程中地方政府是否有效组合运用实质性政策工具和程序性政策工具；边界定位是指在环境治理过程中地方政府是否明确界定了政府控制和多元协作的边界。

第二，结构兼容。结构兼容将分别从利益相关者和网络结构两个维度识别。其中，利益相关者是指在环境治理中地方政府是否积极同相关利益相关者进行密切协作；网络结构则是在环境治理中地方政府与其他利益相关者互动所形成的网络结构，是轮形结构、共享治理结构还是领导者治理结构。

第三，过程兼容。过程兼容将分别从治理思维、政府内部成员互动、政府与非政府主体互动三个维度识别。其中，治理思维是指在环境治理过程中地方政府是否具备兼容的思维模式，将控制和协作逻辑视为悖论式关系；政府内部成员互动则是政府内部是否采取相应措施灵活兼容控制逻辑和协作逻辑，推动内部成员有效协作；政府与非政府主体互动则是政府在同非政府主体互动过程中，如何在合理监管以规避其机会主义行为的同时又给予其充分信任以发挥其治理能力。

第四，绩效兼容。绩效兼容将分别从回应控制和回应协作两个维度识别。其中，回应控制是指环境治理绩效的实现能否满足控制维度治理目标实现的需要；回应协作则是在环境治理过程中，参与环境治理的各个主体能否实现自身价值以及能否催生公共价值。

6.4.3 大理州洱海生态环境治理的案例分析

本部分将分别从制度兼容、结构兼容、过程兼容、绩效兼容四个维度，对大理州洱海治理中如何实现双重制度逻辑的兼容进行分析。

1. 制度兼容

（1）目标兼容。由于习近平总书记在洱海调研时提出“一定要把洱海保护好”的重要指示，洱海的系统治理始终以深入贯彻落实习近平生态文明思想和习近平总书记关于洱海保护治理系列重要指示批示精神为指导，进而确定相应的治理目标。在以“绿水青山就是金山银山”的宏观目标指引下，洱海治理实现了从抢救性治理到可持续的长效性治理的目标变革。

随着洱海污染问题日益严重，2015年底洱海流域的多条入湖河流水质为Ⅳ、Ⅴ类水，2016年中央生态环保督察也指出洱海存在严重环境污染、无序开发等问题，保护洱海行动刻不容缓。在这一时期，地方政府确立了以抢救性治理为核心的洱海环境治理目标。开展了“两违”整治行动、村镇“两污”治理行动、面源污染减量行动、节水治水生态修复行动、截污治污工程提速行动、流域综合执法监管行动及全民保护洱海行动“七大行动”和环湖截污、生态搬迁、矿山整治、农业面源污染治理、河道治理、环湖生态修复、水质改善提升、过度开发建设治理“八大攻坚战”。在抢救阶段，地方政府从尽快解决洱海当前所面临的困境入手，尽快补齐洱海周围的环境治理短板，实现洱海水质的提升以及水生态的修复。因此，这一时期的环境治理目标呈现出更多的控制逻辑要素。

随着洱海水质的不断提升，2020年洱海全湖水质实现了7个月保持在Ⅱ类水质，并且在洱海周围建立起了完善的环湖截污工程、生态廊道等，实现了一滴污水不进入洱海。此时，地方政府开始对洱海进行长效治理，启动实施“湖体透明度提升、入湖河流水质改善、城镇污水管网改造、污水集中收集率提升、农业面源污染防治、美丽河湖创建”六个两年行动，开始探索洱海治理的可持续方案，践行“水资源、水环境、水生态”三水统筹，促进流域统筹转型发展，真正实现由绿水青山向金山银山的完美转变。在这一阶段的治理目标中，地方政府在强化控制逻辑的基础上，实现了协作逻辑的兼容，在治理目标中明确涵盖了政府、企业、商户、居民等不同主体，主动邀请相关部门参与环境治理方案的编制工作，在提升水质、修复水生态的基础上也开始考虑如何实现人与自然和谐共生、如何传承白族文化、如何促进流域的高质量发展。

综上，地方政府在洱海治理宏观目标的设置上以习近平生态文明思想为指引，引导不同利益相关者关注洱海的生态环境治理问题。在具体的抢救阶段，出于外部的治理压力以及环境问题的严重性和紧迫性，地方政府确立了以控制逻辑为主的环境治理目标，而在长效治理阶段，地方政府进一步考虑到了不同利益相关者的需求，开始在治理目标中统筹考虑不同的利益相关者，进而有效实现了目标兼容，化解了目标设置中控制和协作逻辑之间的冲突。

（2）工具兼容。在洱海治理中，省、州、市等各级政府部门均出台了大量政策文件，相关政策文件示例如表 6-3 所示，为推进洱海的科学、规范治理起到了很好的支撑作用。通过对这些政策文本中的政策工具进行编码发现，地方政府实现了程序性政策工具和实质性政策工具的有效匹配。

表 6-3　相关政策文件示例

政府	政策文件
云南省委省政府	《关于“湖泊革命”攻坚战的实施意见》 《云南省人民政府办公厅关于成立洱海保护治理工作领导小组的通知》 ……
大理白族自治州州委州政府	《洱海保护治理“十四五”规划》 《云南省洱海“一湖一策”保护治理行动方案（2021—2025 年）》 《大理白族自治州人民政府关于划定和规范管理洱海流域水生态保护区核心区的公告》 ……

（续）

政府	政策文件
大理市委市政府	《大理市洱海生态廊道管理办法（试行）》 《大理市旅游民宿管理办法（试行）》 ……

地方政府主要运用实质性政策工具实现控制逻辑的运用，发挥其快速直接的效力。首先，地方政府明确了纵向不同层级地方政府、横向不同政府部门的责任分工，并设定了具体的治理目标，如在《洱海流域各级各有关部门洱海保护治理主要工作职责》中就明确对州委组织部、宣传部、发展改革委、财政局、自然资源和规划局等二十七个部门的具体职责进行了分工，以州财政局为例，明确指出其要负责洱海治理的资金筹措、争取各方资金支持、完善生态补偿和考核付费机制等工作。其次，地方政府对洱海治理的不同方面（服务业、农业、工业），以及不同环节（污水处理、垃圾处理、人文地理）分别运用了不同的政策工具。在《大理市洱海生态环境保护“三线”划定方案》中，地方政府运用了命令控制型工具，明确划定了洱海湖区、湖滨带和水生态保护区核心区的保护管理范围，形成了红、绿、蓝三条线。蓝线为洱海的湖区界限，蓝线以外 15 米为绿线，蓝绿线之间要减少人为活动，原有住户需要进行生态搬迁，经过统计共有 1806 户居民需要强制拆迁。而在绿线外 100 米为红线，要减少农业活动并进行生态修复。在农业结构调整方面，地方政府指出“依法查处洱海流域使用国家禁止和限制使用的高毒、高残留农药违法违规行为”，运用命令控制型工具约束农业活动对洱海环境治理的影响。

地方政府还运用各种程序性政策工具推动协作治理，明确支持多元参与，如在农业面源污染治理中，地方政府强调“要建立和完善政府推动、企业为主、社会参与的品牌培育工作格局，着力打造‘洱海绿色食品牌’”。在洱海环湖截污工程建设中，地方政府引入了PPP模式，实现了环湖截污工程快速且高效的完工。并且地方政府也积极鼓励公众、企业等主体参与到洱海生态环境治理的活动中，通过提升社会主体参与的主动性来推进洱海的生态环境治理工作。

整体而言，在洱海生态环境治理进程中，大量的程序性和实质性政策工具被地方政府有效运用，不但让洱海的生态环境质量不断提升，而且各个主体参与洱海的主动性和积极性也逐渐增强，进而推动洱海治理走上了高质量发展道路。

（3）边界定位。在洱海治理中，地方政府出台了《云南省大理白族自治州洱海保护管理条例》，对于洱海治理的违法行为进行了明确界定，政府采取强制性手段对这些违法行为进行规制，同时，政府还鼓励多元主体积极挖掘大理文化的历史内涵，充分利用苍山洱海的独特风光进行经营、旅游、文娱等活动。因此，条例的出台就形成了政府控制的边界，在不违背条例的基础上，政府积极鼓励多元主体协作来共同推进洱海治理。而且，多元参与和协作也并非是无序的、过度的、不受政府的影响。如在环洱海周围建设的污水处理厂，是由政府和社会资本共同协作建设和运营的，确保一滴污水不入洱海。尽管通过这种PPP模式大大提升了污水处理厂的运营效率，但地方政府依旧对污水处理厂采取了严格的监管措施，在每个污水处理厂都有地方政府单独设立的水质监管中心，污水处理厂的数据会实时传递给政府监管部门。这个中心是封闭的，不对社会资本方开放，通过这种措施来规避社会资本方利用信息优势从事机会主义行为。

通过控制和协作边界的确立，使得地方政府在洱海治理中不会过度干预其他主体的治理行为，防止陷入政府“一刀切”的恶性循环中，也使得其他主体的协作不会背离洱海治理的目标，规避了协作方利用洱海治理来谋取私利。

这部分代表性数据示例如表6-4所示。

表6-4　代表性数据示例

聚合构念	二阶主题	一阶概念	相关引文
制度兼容	目标兼容	宏观目标设计	• 始终牢记习近平总书记“一定要把洱海保护好”“守住守好洱海”的殷殷嘱托，深入践行“绿水青山就是金山银山”的发展理念
		具体治理目标	• 省委、省政府做出“采取断然措施，开启抢救模式，保护好洱海流域水环境”的部署，出台了《大理州开启抢救模式全面加强洱海保护治理的实施意见》 • 推动洱海保护治理从“一湖之治”不断朝着“流域之治”和“生态之治”根本性转变
	工具兼容	实质性工具	• 依法查处洱海流域使用国家禁止和限制使用的高毒、高残留农药违法违规行为 • 洱海流域禁止生产、销售和使用不可降解的泡沫塑料餐饮具、塑料袋
		程序性工具	• 充分发挥政府在规划指导、政策支持、市场监督、监测评价、技术服务等方面的引导作用 • 组织指导各类学校将洱海保护知识纳入教学内容，积极开展洱海保护治理宣传教育工作
	边界定位	控制边界	• 按照《云南省大理白族自治州洱海保护管理条例》的相关规定，统筹抓好洱海流域监管执法工作，负责洱海综合保护管理及洱海一、二、三级保护区的保护管理工作，并对违法违规行为依法追究相关法律责任
		协作边界	• “进水和出水它都有一个政府的实时监测设备在里边，但因为这套设备是环保和政府部门的，所以我们没法进去”

2. 结构兼容

（1）利益相关者。在洱海治理中，地方政府积极主动邀请多元主体共同参与。一方面，地方政府主动发挥政府和党委在洱海治理中的重要作用，洱海治理得到了省委省政府、州委州政府和市委市政府的多方重视、多次调研并支持洱海治理工作。并且成立了政府内部多部门协作小组，如云南省政府成立由省长担任组长的洱海保护治理工作领导小组，负责统筹政府内部各部门的工作。另一方面，地方政府积极与非政府主体协作，在同社会资本协作中，发起了洱海环湖截污（一期）PPP 项目、大理市环洱海流域湖滨缓冲带生态修复与湿地建设工程 PPP 项目等，引入中国水环境集团、云南建投等知名环境治理和工程建设企业；在同公民协作中，开发了公民参与洱海治理的微信公众号，鼓励公民对洱海的违法行为进行举报；在同高校和科研院所协作中，大理州与中国农业大学和云南农业大学联合组建了洱海流域面源污染精控科技小院，建立了 5 个带有湿地修复的开放式科研功能平台，通过科技助力洱海流域生态环境的可持续发展。

地方政府通过主动邀请不同的利益相关者参与到洱海生态环境治理中，有效克服了政府单一主体在治理洱海中的困境，不同利益相关者在自己擅长的领域发挥作用，如科研院所注重科技研发、社会资本关注高效运营等，实现了不同主体治理资源、治理能力的有效互补。

（2）网络结构。在洱海治理中，不同的利益相关者协作形成了相应的网络结构，在编码过程中发现，这一网络结构实现了从轮形治理结构到领导者治理结构的转变。在洱海治理的抢救模式下，地方政府为了尽快实现洱海水质的恢复以及对违法、污染行为的快速处治，采取了强制手段去规制不同利益相关者的行为，如关停洱海流域水生态保护区核心区内的餐饮和客栈等、洱海全面封渔、调整农业结构、搬迁相关污染企业、严格要求环湖截污工程和生态廊道的建设标准等。因此，在这一阶段政府同其他利益相关者之间是一种单向的关系，为了完成紧迫的治理任务，政府直接对参与洱海治理的不同利益相关者的行为进行约束和指导，形成了一种轮形的网络治理结构。而随着洱海治理逐渐进入到长效治理阶段，这种网络结构也逐渐演变成了领导者治理的网络结构。具体而言，地方政府摆脱了抢救模式中的强控制和强干预角色，鼓励不同利益相关者在洱海治理中发挥自己的作用。如负责洱海生态廊道项目建设和运营的大理苍洱投资建设有限责任公司，开发了生态廊道移动端的小程序，与当地白族居民、乡镇政府进行协作，为游客提供吃住行、游购娱的便利。在新修订的《云南省大理白族自治州洱海保护管理条例》中，也增加了“鼓励单位和个人深入挖掘大理历史文化内涵，充分发挥苍山洱海自然风光、大理历史文化等资源优势，依法依规适度开展游览观光、文化娱乐活动，开发特色文化旅游产品，推动大理国际旅游名城建设”的内容。在洱海治理中真正构建起了党委领导、政府主导、企业主体、社会组织和公众共同参与的现代环境治理体系。

在具体的协作进程中，地方政府会定期主动邀请各类利益相关者，就不同的环境治理问题进行协商，从而杜绝网络结构出现利益相关者被边缘化的倾向。如在生态搬迁过程中，地方政府成立了专门针对居民拆迁问题的“1806”指挥部，由政府相关部门和负责搬迁工作的项目公司组成，负责协调在拆迁过程中出现的问题。为了照顾到拆迁工作中地方居民的情绪，地方政府联合项目公司一家一户地走访调研拆迁居民，向居民解释拆迁工作对洱海生态环境治理的重要性。如在访谈中，项目负责人介绍：“早上约好九点钟去老百姓家中，跟着政府一起去谈。最开始村民就是东拉西扯的，但是你没有办法，你必须得去倾听，甚至要去帮他解决那些生活中的小事。然后他可能会觉得大家坐在一起确实是来解决问题的，也不是带有什么样的目的，最后形成这种融洽的关系。”

整体而言，在洱海治理中，随着地方政府治理重心从抢救性治理转向长效治理，相应的网络结构也发生了变化，从最初的轮形网络结构转化成领导者治理结构，在具体的协作过程中，从最初政府干预转向了政府引导、多主体有效协作。

这部分代表性数据示例如表 6-5 所示。

表 6-5　代表性数据示例

聚合构念	二阶主题	一阶概念	相关引文
结构兼容	利益相关者	政府各部门	• 进一步明确洱海流域县市党委、政府及州级各有关部门在洱海保护治理中的职责，全力推进洱海高水平保护和流域高质量发展
		与非政府主体协作	• 大理洱海环湖截污 PPP 项目是国家财政部第二批 PPP 示范项目（与社会资本） • 健全完善全民参与的激励约束机制，开通了“共护洱海”微信公众号，配置了监督举报功能，并构建了积分系统，有效提高了群众参与的热情（与公民）
			• 大理州围绕洱海流域保护治理及绿色转型发展的总体目标，依托院士专家“科技小院”，从农业面源污染科技支撑、监督指导、综合治理三个方向协同发力（与高校）
	网络结构	轮形治理	• 2017 年 3 月 31 日，云南大理市政府发布通告，洱海流域水生态保护区核心区内的餐饮客栈服务业一律暂停营业。整治期限自 4 月 1 日起至大理市环湖截污工程投入使用为止
		领导者治理	• “（一家一户做拆迁工作）肯定只能是政府和村委会，虽然我们企业也会参与，但企业一定不能作为主体”

3. 过程兼容

（1）治理思维。随着洱海环境污染陷入困境，地方政府也意识到洱海的污染治理并非政府单一主体所能实现的。一方面为了完成总书记的嘱托以及中央生态环保督察的治理要求，地方政府需要遵循传统的控制思维，这体现在地方政府开启洱海治理的抢救模式，发起了洱海治理的“七大行动”和“八大攻坚战”。另一方面，为了真正深入贯彻落实习近平生态文明思想，让洱海真正实现“绿水青山就是金山银山”，地方政府在治理思路上也逐渐摆脱了单一控制思维，开始积极作为，主动推进不同主体的参与。如大理市委领导在采访中提到：“在环湖截污工程建设完工之前主要是如何确保污水不排入洱海，我们就发动人民群众的力量。”而这种转变最明显的就是随着洱海治理从抢救模式转向长效治理，地方政府真正实现了控制和协作两种思维的兼容，意识到多主体共同协作参与洱海治理是可持续治理的必然。

这种治理思维也逐渐从政府主体扩散到了其他利益相关者中，如在调研中，负责拆迁工作和生态廊道建设的项目公司负责人也指出：“作为一个项目建设，大家有不同的想法和意见很正常的。双方会在这些上面有分歧，我认为这里面没有对与错，只是大家立场的不同。”因此，其他利益相关者也指出，需要去接受不同的意见从而达成共识，形成控制和协作逻辑共存的兼容思维。这种兼容思维的形成也激发了洱海治理中创新的形成，如通过地方政府与项目公司积极有效的沟通协商，环洱海周围的污水处理厂选择了下沉式设计，大大缓解了环境基础设施的邻避效应，并且未来还计划在地上修建公园、停车场；洱海的生态廊道建设选择了“基于自然的解决方案”，实现了对洱海当地传统文化的有效传承，设计方案也斩获多项国家大奖。

整体而言，随着洱海治理进程的不断推进，地方政府逐渐形成了一种控制逻辑和协作逻辑共存的思维模式，在当地方政府面临的治理压力降低，并且取得了相应的治理成果时，这种治理思维的转变会更加明显。并且，这种思维模式也在互动中扩散给了其他利益相关者，催生了大量创新。

（2）政府内部成员互动。为了在政府部门内部更好地平衡控制逻辑和协作逻辑以发挥两种逻辑的优势，地方政府采取了分隔策略。首先，成立了单独的协作部门负责处理与其他利益相关者的关系，如成立了专门针对生态搬迁问题的“1806”指挥部。其次，尽管政府各个部门都在一定程度上担负起洱海治理的工作任务，但政府还是单独成立了专门治理洱海问题的大理白族自治州洱海管理局，负责统一协调督促相关部门履行洱海管理工作。通过采取分隔策略，地方政府针对洱海治理有了更为专业化的分工，让控制逻辑和协作逻辑得以更好地发挥其价值。此外，地方政府也采取了混合策略，将传统从事控制相关工作的政府部门（如执法部门）与处理协作相关工作的政府部门（如发改部门、财政部门）统一整合到一套组织架构中，成立了多个政府内部各部门的协作工作小组，明确规定了各部门的工作任务，但又制定了共同的治理目标，各个部门在共同治理目标的引导下各司其职，共同开展洱海治理工作。

整体而言，通过分隔和混合策略的协同发力，在政府内部组织成员之间实现了控制逻辑和协作逻辑的兼容。

（3）政府与非政府主体的互动。在同非政府主体互动过程中，如何激发非政府主体参与洱海治理的活力，但同时又要规避非政府主体从事机会主义行为，成为摆在地方政府面前的现实问题。具体在洱海治理中，以洱海生态廊道修建过程中的草坪灯设计为例，地方政府严格要求项目公司在草坪灯的设计中要融合大理的地方特色，而具体的方案设计则是由项目公司自己来设计的，然后同政府部门进行协商，通过多轮调整最终设计出了让多方都满意的草坪灯。在对污水处理厂的运营监管中，地方政府不去干预其具体的运营过程，但要求污水处理厂的进出水浓度、水质信息等要及时共享给地方政府，政府也在污水处理厂里安装了单独的监管设备，并对其运营绩效进行考核。

可以发现，在同非政府主体互动中，地方政府侧重于对结果的关注，而对于具体的治理过程则通过制度引导规范非政府主体参与活动，并给予非政府主体大量的创新空间，通过这种策略不仅有效强化了政府控制，而且规避了非政府主体的机会主义行为。

这部分代表性数据示例如表6-6所示。

表6-6　代表性数据示例

聚合构念	二阶主题	一阶概念	相关引文
过程兼容	治理思维	政府的兼容思维	• “在环湖截污工程建设完工之前主要是如何确保污水不排入洱海，我们就发动人民群众的力量”
		非政府主体的兼容思维	• “作为一个项目建设，大家有不同的想法和意见很正常的。双方会在这些上面有分歧，我认为这里面没有对与错，只是大家立场的不同”
	政府内部成员互动	组织分隔	• 大理州成立由州委、州政府主要领导任“双组长”的洱海保护治理及流域转型发展工作领导小组，组建州、县一线指挥部，向流域18个乡镇（街道）派驻一线工作队，实行一线决策、一线协调、一线作战
		组织混合	• 大理市、洱源县党委和人民政府要认真落实主体责任，及时研究制订具体方案，全面建立分区治理、精细管控的工作机制
	政府与非政府主体互动	监督结果	• “政府这边是很有匠心，希望草坪灯不要用很传统的庭院的、小区的那种草坪灯，那个太生硬，而且也不符合郊野这种生态的调性”
		释放过程	• “中间提出了多种草坪灯设计方案，最终形成了大家都满意的方案”

（续）

聚合构念	二阶主题	一阶概念	相关引文
绩效兼容	回应控制	完成上级政府的任务	• “十三五”期间，洱海全湖水质累计 32 个月为Ⅱ类，未发生规模化蓝藻水华，圆满完成规划的水质目标
		提升环境质量	• 云南省大理白族自治州环境质量持续提高，洱海全湖透明度均值为 2.83 米
		增强政府环境治理能力	• “农业面源污染治理‘种养旅结合’分区防控模式”入选全国《农业面源污染治理典型案例》
	回应协作	非政府主体满意	• （地下建污水处理厂）这样可以减少从洱海“抽清排污”约 2000 万吨，也解决了传统污水处理厂的“邻避效应”，并使水厂与洱海周边的村庄和美景融为一体，释放出 160 亩地面空间 • 地下建污水处理厂这一技术在成都、贵阳、北京等地都已有所应用
		协作意愿增强	• “政企为了共同的目的一起碰撞出来一个智慧的火花” • 在古生村，曾经靠在洱海边养鱼、捕鱼为生的村民 ×××，主动转变发展思路，开展生态农业种植

4. 绩效兼容

随着地方政府在制度设计、结构设计和过程设计中实现了控制逻辑和协作逻辑的兼容，洱海的生态环境治理取得了显著成效，2020 年和 2021 年洱海水质连续两年为优，总体水质从富营养初期状态转为中营养状态，并且象征“水质风向标”的海菜花重现洱海湖面。具体而言，首先，地方政府完成了党中央和生态环保督察对洱海治理的要求；其次，洱海水质逐年提升、生态环境质量不断提高，水质被生态环境部评价为“优”，入选了全国美丽河湖优秀案例，被中央生态环保督察视为典型案例进行推广；

最后，地方政府也形成了一套规范的、科学的洱海治理方案，形成了独特的洱海“经验”，得到了其他地方政府的广泛学习并在国际上得到了广泛赞誉。

同时，对于参与环境治理的企业而言，将其洱海治理经验成功推广到了其他地区，提升了企业在环保行业的知名度，并借助洱海环境质量改善吸引了更多的使用者付费，进一步提升了企业的经济效益。对于洱海居民而言，洱海的成功治理不仅改善了当地居民的生活环境质量，还使得白族文化得到有效传承，同时通过旅游业的发展带动了当地居民就业、增加了居民收入。更为重要的是，通过洱海的有效治理，地方政府走上了“绿水青山就是金山银山”的发展道路，带动了多方价值提升，各主体参与洱海生态环境治理的意愿也不断提升，最终在环境治理中催生了公共价值。

这部分代表性数据示例如表 6-6 所示。

6.4.4 六安市城市水环境治理的案例分析

本部分将分别从制度兼容、结构兼容、过程兼容、绩效兼容四个维度，对六安市城市水环境治理中如何实现双重制度逻辑的兼容进行分析。

1. 制度兼容

（1）目标兼容。在城市水环境治理进程中，六安市深入贯彻落实习近平生态文明思想，以“控源截污、内源治理、生态修复、补水活水、长效治理”作为有效治理途径，从黑臭水体整治、滨水绿岸改造、人居环境改善三个方面进行系统治理，并以此作为宏观的治理目标推进辖区内水环境治理工作。具体而言，六安市是以黑臭水体整治作为核心抓手，统筹推进城区内的污水处理能力不足、排水管网薄弱、洪涝灾害频发、国控断面不达标等相关问题。而这一目标也与参与治理的核心利益相关者——长江生态环保集团的公司定位不谋而合，相关负责人指出：“面对严峻的环境治理压力，六安市主要领导两次前往三峡集团去把集团请过来，非常信任和支持三峡集团。”因此，在2019年8月双方就签订了合作框架协议。而在这一目标的指引下，双方后续又开展了六安城区水环境（厂-网-河）一体化综合治理一期项目、二期项目以及合作成立了六安“水管家”公司。

因此，在治理目标的确定中，地方政府除了设计能够兼容不同利益相关者的治理目标外，也可以有选择性地与契合自身治理目标的利益相关者进行协作，从而在治理目标中实现控制逻辑和协作逻辑的兼容。

（2）工具兼容。针对六安市面临的严峻的城市水环境治理问题，安徽省委省政府和六安市委市政府高度重视，先后出台了大量针对城市水环境治理的政策文件，如表6-7所示，为推进水环境治理起到了很好的支撑作用。通过对这些政策文本中的政策工具进行编码发现，地方政府实现了程序性政策工具和实质性政策工具的有效兼容。

表6-7　相关政策文件示例

政府	政策文件
安徽省委省政府	《城镇污水处理提质增效三年行动实施方案（2019—2021）》 《关于加快制定和完善城市生活污水处理厂“一厂一策”系统化治理方案的通知》 ……
六安市委市政府	《六安市水污染防治工作方案》 《六安市淠东干渠水污染整治工作方案》 ……

在实质性政策工具方面，地方政府运用了大量命令控制型工具来确保城市水环境治理可以实现相关政府要求。如对于城市“水管家”的监督管理上，地方政府制定了明确的监督考核、绩效付费等标准，其中创新性的探索出了管网“按效付费”的新模式，政府根据补齐管网短板后新增的污染物收集量和污水处理厂进水浓度作为项目的考核指标，从而有效地带动了城镇污水管网的可持续运营。同时，地方政府也运用了大量程序性政策工具不断强化自身的服务保障能力，从而更好地为政企协作奠定基础，如建立完善的分级处理制度、专家咨询制度、工作调度制度等。具体而言，在六安市人民政府公布的《六安市城区“水当家”监管服务导则》中就明确强调，市政府不同部门以及区政府应该如何为“水管家”服务、提供何种支撑。

总的来说，在六安市城市水环境治理中，大量的程序性和实质性工具被地方政府有效运用，为形成水环境治理的“六安模式”奠定了坚实基础。

（3）边界定位。在六安市城市水环境治理中，政府将自己明确定位为监管者角色，不去过度干预治水企业的正常运营，只负责监督、规划、考核、付费等事务，给予了企业在水环境治理中更多的自主性。但同时又由于这些监管措施的存在，使得企业能够更好地扮演“管家”的角色，有效地为政府和城市水环境问题服务，实现了双方的优势互补。其中，为了更好地发挥政府有效监督作用，将原来六安市一期二期项目公司、原六安市市排水公司、原六安市市自来水公司进行合并，成立六安市水管家公司，政府只需要直接对接水管家公司，大大提升了政府的监管效能。而随着这些业务公司的合并，企业的工作节点也大幅度削减，工作效率稳步提升。因此，水管家公司就成为一个逻辑兼容的空间，在这个空间中，政府的干预和企业的自主性都得到了有效发挥，避免了政府过度干预困境，也降低了企业从事机会主义行为的风险。

这部分代表性数据示例如表 6-8 所示。

表 6-8　代表性数据示例

聚合构念	二阶主题	一阶概念	相关引文
制度兼容	目标兼容	宏观目标设计	• 六安市坚持以习近平生态文明思想为指引，深入开展碧水保卫战行动
		具体治理目标	• 系统推进黑臭水体治理、滨水绿岸改造、人居环境改善有机联动，淠河重现清水绿岸、鱼翔浅底的美好景象，生态文明建设取得新突破 • 长江环保集团忠实践行习近平生态文明思想，以城镇污水治理为切入点，打好水污染防治攻坚战，逐步开展水生态修复、水资源保护等各项工作，助力长江经济带生态环境保护发生转折性变化
	工具兼容	实质性工具	• 加快污水处理厂及其配套管网建设进度，2020 年底前完成建设并投入使用
		程序性工具	• 厘清“当家”与“管家”的职责定位，强化全周期监管、全过程服务，着力建立“管控有力、节约高效、服务便捷、智慧科学”的“水当家”工作模式
	边界定位	控制边界	• 沿着老百姓满意方向，梳理明确政府和企业各自职责，以有为政府和有效市场的有机结合助推水环境治理不断向纵深推进
		协作边界	• “水当家”当好指挥棒，负责行政审批、监督执法、建设监管、运维考核 • “水管家”专注弹钢琴，根据授权统一投建运管、服务百姓、管理资产、美丽城市，共同建立跨部门、跨专业协调小组，形成“水管家”闭环运营、“水当家”全程监管的工作机制

2. 结构兼容

（1）利益相关者。六安市在城市水环境治理中打破了传统政府单打独斗的治理模式，形成了多元参与的环境治理新格局。首先，政府内部各部门之间明确了政府不同层级、不同政府部门之间的责权分配，如六安市政府理清了市级和区级在供排水上的事权和财权，细化了政府各部门在涉水事务上的具体职责。其次，在同企业的协作中，地方政府积极与专业监测机构进行协作，对重点排水单位进行常态化检测，并积极同三峡集团所属的长江环保集团进行合作，成立了六安市城市“水管家”，打造了独特的政府“当家”、企业“管家”的城市水环境治理全新模式。最后，在同公民协作中，地方政府借助建立起来的城市水环境治理数字系统，积极动员社会组织和公众参与到环境治理中。通过主动邀请不同的利益相关者参与到城市水环境治理中，为地方政府提供了专业的环境治理技术、丰富的治理资源，为有效开展水环境治理工作奠定了基础。

（2）网络结构。在六安市城市水环境治理中，不同的利益相关者协作形成了领导者治理的网络结构，政府在其中扮演着领导者的角色。如相关项目负责人指出：“在城市水管家中，政府起到一个当家作用，负责监管、规划、考核和付费，而企业则扮演着管家的角色，按照政府统筹去承担治理任务、全面运营管理涉水资产、具体实施投资建设、提供专业环境治理服务。”而为了有效规避协作网络中权力不对称所带来的负面影响，地方政府主动邀请利益相关者参与协商、讨论相关环境治理事务，主动搭建协作平台，从而增加利益相关者在协作中的参与感和获得感，如作为“水管家”的负责人每月至少要开一次由市委书记牵头的会议，对“水管家”的相关工作进行梳理。

这部分代表性数据示例如表6-9所示。

表 6-9 代表性数据示例

聚合构念	二阶主题	一阶概念	相关引文
结构兼容	利益相关者	政府各部门	• 开展涉水企业专项执法检查，成立涉水企业专项排查工作领导小组
		与非政府主体协作	• 政企协同创新：逐步形成从单打独斗到多元参与的治理新局面（与社会资本） • 通过监测、运营数据与城市管理数据共享，进一步动员社会组织和公众共同参与（与公众）
	网络结构	领导者治理	• 在城市水管家中，政府是一个当家作用，负责监管、规划、考核和付费，而企业则扮演着管家的角色，按照政府统筹去承担治理任务、全面运营管理涉水资产、具体实施投资建设、提供专业环境治理服务

3. 过程兼容

（1）治理思维。在六安市城市水环境治理中，地方政府从治理思维上真正打破政府单一主体治理局面，主动邀请专业的水环境治理企业帮助城市出谋划策，给予企业最大程度的政策、资金以及制度支持，做好监管者和服务者的角色，在治理思维上实现了控制逻辑和协作逻辑的兼容。而伴随着城市涉水问题不断解决，政府与企业也开展了更加深入的合作（表 6-10 总结了一些关键性合作事件），政府对自身的角色定位也更加清晰，双重制度逻辑也更加兼容，如相关负责人指出："在当初我们提出水管家的时候，政府那边就表明我们不能做甩手掌柜，我们要当好水管家。"而随着治理进程不断推进，企业也意识到政府有效监管的重要性，相关负责人均强调"没有政府的大力支持相关工作很难推进"，可以发现，这种双重制度逻辑兼容的治理思维也扩散到了企业等主体中。

表 6-10　关键性合作事件

时间	政企合作关键事件
2019 年 8 月	与长江环保集团签订合作框架协议
2020 年 3 月	长江环保集团中标六安市城区水环境（厂—网—河）一体化综合治理一期项目
2021 年 9 月	长江环保集团中标六安市城区水环境（厂—网—河）一体化综合治理二期项目
2022 年 3 月	注册成立六安市三峡智慧城市水管家公司
2022 年 7 月	与长江环保集团签订管网攻坚战合作协议框架
2022 年 8 月	六安市人民政府印发《六安市城区“水当家”监管服务工作导则（试行）》 六安市水管家公司发布《六安城市智慧水管家服务手册（试行）》

（2）政府内部成员互动。为了在政府部门内部更好地平衡控制逻辑和协作逻辑以发挥两种逻辑的最大优势，六安市地方政府同样采取了分隔策略。如在政府内部成立了负责处理城市“水管家”建设运营以及监督考核工作的工作专班，以六安市城区水环境（厂—网—河）一体化综合治理PPP 项目指挥部办公室为例，这个指挥部专门负责对 PPP 项目运营进行协调、服务、调度和宣传等工作，共分为综合办公室、黑臭水体治理组、市政管网排查组、污水处理厂建设组、协调联络组、厂—网考核组、河道考核组七个组室，抽调专人集中办公并直接对接相关项目公司。通过在政府内部成立单独的 PPP 项目对接部门，使得政府内部对城市水环境治理有了专业化的分工，降低了在政府部门内部控制逻辑和协作逻辑的冲突程度。地方政府同样也采取了混合策略，让传统遵循控制逻辑的政府部门与遵循协作逻辑的政府部门之间在同一体系中共存，如六安市政府成立了淠东干渠水污染整治工作领导小组，这个小组成员涵盖市环保局、住建委、水利局以及区政府等不同部门，各个部门在“改善淠东干渠水环境质量，保障

下游饮用水安全”共同目标的指引下，各司其职，共同推进淠东干渠水污染治理任务。

（3）政府与非政府主体的互动。在同非政府主体的互动过程中，六安市政府在协作前期强化控制，随着协作进程推进再强化协作，以此来规避非政府主体在协作中可能出现的机会主义行为。以项目建设为例，六安市政府在项目建设的初期加强政府控制，以确保项目前期的合理合规，而在项目的运营期，则鼓励项目公司通过技术和管理创新来实现降本增效。

这部分代表性数据示例如表 6-11 所示。

表 6-11　代表性数据示例

聚合构念	二阶主题	一阶概念	相关引文
过程兼容	治理思维	政府的兼容思维	• “2019 年 8 月，六安市政府领导两次到三峡集团总部，去把三峡集团请过来（请到六安市去参与城市水环境治理），所以说，他们是非常信任、支持我们的”
		非政府主体的兼容思维	• “我们现在发现，没有地方政府的信任和支持，我们很难把水管家这些工作给做好”
	政府内部成员互动	组织分隔	• 各项工作由六安市城区水环境（厂—网—河）一体化综合治理 PPP 项目指挥部办公室协调推进
		组织混合	• 各责任单位要按照规定的工作职责，协调配合，分工协作，做好衔接，确保整治工作在规定时限内完成
	政府与非政府主体互动	前期强化控制	• “将政府投资更多用于前期策划、征迁等费用，保障项目前期的合理合规”
		后期强化协作	• 积极鼓励项目公司开展节能降耗、资金投入，包括污水处理厂尾水用于电厂冷却用水等
绩效兼容	回应控制	完成上级政府任务	• 加快污水处理基础设施建设，全市 2023 年新建污水管网 24.12km，达年度计划 124.33%，改造污水管网 64.2 公里，达年度计划 114.64%，均超额完成任务

（续）

聚合构念	二阶主题	一阶概念	相关引文
绩效兼容	回应控制	提升环境质量	• 如今的均河通过控源截污、内源清淤、生态修复、生态补水及景观绿化等工程措施，构建起完整的生态系统，恢复了均河水系自净功能
		增强政府环境治理能力	• 落实“四位一体”运管模式，借助“智慧水务”水管家平台，建立健全项目全流程监管考核机制
	回应协作	非政府主体满意	• 通过集控中心，六安市水管家公司实现了4～5人集中管控全域涉水设施的工作模式，在减轻现场运维人员工作量的同时，极大地提高了调水的及时性和准确性
			• 六安市委托第三方对黑臭水体整治效果进行了两次公众评议，市民满意度均在95%以上
		协作意愿增强	• 真抓实干、奋勇争先，携手长江环保集团推动水环境治理工作走深走实、走在前列
			• 六安市持续深化城市“水当家”“水管家”政企合作，充分发挥“水当家”主动作为的工作机制，制定政府投资建设项目以及“水管家”年度建设计划，谋划推进城区管网攻坚战等治水工程，持续巩固城区水环境治理成效

4. 绩效兼容

随着地方政府在制度设计、结构设计和过程设计中实现了控制逻辑和协作逻辑的兼容，六安市城市水环境治理有了质的飞跃。对于地方政府而言，首先，市区内14条黑臭水体全部通过住建部复核销号，完成了黑臭水体的治理任务；其次，佛子岭水库成为整个安徽省唯一、全国十佳水源，提升了六安市的城市形象；最后，六安市城镇生活污水集中收集率从2020年的44.8%提升到了2022年的69.7%，城市污水收集、处理能力显著提升，并且形成一套科学有效的城市水环境治理方案，为其他城市开展城市水环境治理提供了“六安模式”。

对于企业而言，通过政府的强力支持，不但实现了“厂—网—河”一体化系统治理，而且大幅提升了运营效率、降低了运营成本，也为企业在长江流域其他城市推广“水管家”提供了经验和样板。更为重要的是，通过水环境问题的改善，在六安市形成了淠河水生态廊道，不但扩展了城市外沿空间、推动了城市旅游经济的发展、带动了周围乡村振兴、壮大了环保产业，走上了一条“绿水青山就是金山银山”的可持续发展之路，而且各主体参与六安市城市水环境治理的意愿逐渐增强，催生了环境治理中公共价值。

这部分代表性数据示例如表 6-11 所示。

6.4.5 研究结论与讨论

通过对云南省大理州洱海生态环境治理和安徽省六安市城市水环境治理的案例研究，得出的研究结论与讨论如下。

1. 研究结论

本书提出如下命题可以帮助地方政府在环境治理中实现双重制度逻辑的兼容：

首先是制度设计。

命题 1：在治理目标的设计中，地方政府可以采取两种目标设计策略实现双重制度逻辑在治理目标上的兼容：引导各个主体对宏观目标的高度认同，而对于具体的微观治理目标，地方政府可以将不同利益相关者的治理目标融入政府的治理目标设计中；主动选择与政府治理目标相一致的利益相关者参与到环境治理中。

命题 2：在政策工具的运用中，地方政府要继续强化实质性政策工具的运用，确保治理任务按期、高效、高质量完成；同时，地方政府也要加强程序性政策工具的运用，为多主体协作奠定基础，以此来实现在政策工具的运用中实现双重制度逻辑的兼容。

命题3：在边界定位中，地方政府要通过行政或者法律的形式明确控制的边界，不过多干预其他利益相关者的治理行为，非政府主体则要在政府引导下规范开展治理行为，从而形成一个双重制度逻辑兼容空间，实现双重制度逻辑的兼容。

其次是结构设计。

命题1：在利益相关者参与中，政府内部要成立多部门协作小组，打破“九龙治水”困境，同时要积极主动邀请社会资本、公民、科研院所和智库等主体参与到环境治理中，实现各方优势互补。

命题2：在利益相关者协作所形成的网络结构中，地方政府要构建领导者治理的网络结构，通过与利益相关者主动沟通、协商来规避网络中的权力不对称问题，以此来实现网络结构中双重制度逻辑的兼容。

再次是过程设计。

命题1：在治理思维中，通过降低外部压力、提供正向反馈可以帮助地方政府形成控制逻辑和协作逻辑兼容的思维，并且这种兼容思维可以扩散到非政府主体中，进而实现整个治理场域中不同利益相关者兼容思维的形成。

命题2：在政府内部成员互动中，地方政府可以采取组织分隔策略，成立单独的部门处理基于协作逻辑的公共治理事务；地方政府也可以采取组织混合策略，将遵循不同制度逻辑的政府部门统一纳入一项行政任务中，各个部门基于共同目标开展行动，但各司其职，以此来实现政府内部不同成员之间双重制度逻辑的兼容。

命题 3：在政府与非政府主体的互动中，地方政府可以采取“监督结果—释放过程”“前期强化控制—后期强化协作”两种方式，来有效规避非政府主体在协作中可能出现的机会主义行为，以此来实现政府与非政府主体之间双重制度逻辑的兼容。

最后是治理绩效。

命题 1：地方政府在环境治理中实现双重制度逻辑的兼容，能够进一步强化控制逻辑，帮助地方政府完成治理任务、提升环境质量、增强自身环境治理能力。

命题 2：地方政府在环境治理中实现双重制度逻辑的兼容，能够进一步强化协作逻辑，帮助地方政府提升非政府主体的满意度、进一步增强各方协作意愿，进而催生环境治理中公共价值的实现。

2. 讨论

整体而言，本部分的研究揭示了中央生态环保督察下地方政府如何有效管理双重制度逻辑之间的潜在冲突，进一步丰富了关于双重制度逻辑的相关研究。一方面，将制度逻辑的相关研究拓展到了政府环境治理场域之中，丰富了制度逻辑的研究情境，研究发现一些经典的管理双重制度逻辑冲突的策略在地方环境治理中仍然有效。另一方面，研究形成了“制度兼容—结构兼容—过程兼容—绩效兼容”的管理双重制度逻辑分析框架，提出了一些行之有效的管理组织间双重制度逻辑冲突的策略，这是过去关于地方环境治理研究所忽视的。尽管有大量关于纵向干预和横向协作的研究关注到了地方环境治理中存在控制和协作两种不同的制度逻辑，但这些研究侧重于探讨两种制度逻辑共存在环境治理中的作用，对于具体如何实现共存则较少关注。而这一问题随着中央生态环保督察向纵深推进将会变得愈发重要，地方环境治理领域将会面临持续的强外部压力，纵向干预和横向协作之间的冲突也将会被逐渐放大。本研究提出的双重逻辑下地方环境治理分析框架则为解决这一问题奠定了理论基础。并且，本部分为实现地方环境治理中双重逻辑兼容提出了10个命题，为现实中有效管理逻辑冲突提供了政策方案。

此外，现有关于地方环境治理的研究大量分散在常规治理、运动式治理、协作治理等不同的理论视角下，得出的研究发现也往往分散在不同的研究场域内，导致已有研究发现难以有效整合，如关于运动式治理的研究发现往往难以有效运用到协作治理之中，难以为多元共治的全新背景下地方环境治理提供更为聚焦和落地的政策建议。本部分将已有的研究统一整合进双重制度逻辑的视角，提出了“制度兼容——结构兼容——过程兼容——绩效兼容”的管理双重制度逻辑分析框架，为新情境下管理环境治理中的多元共治问题提供了新的理论视角。

本章小结

本章在对前文中央生态环保督察下地方环境治理影响因素、环境治理模式、环境治理路径的系统梳理基础上，依据悖论理论和治理理论设计了“制度—结构—过程—绩效”的督察常态化背景下地方环境治理框架体系，并运用云南省大理州洱海生态环境治理和安徽省六安市城市水环境治理对设计方案进行了案例验证。

首先，本章分析并提出中央生态环保督察常态化对地方环境治理的影响：一是不断探寻可持续的环境治理方案；二是开始打破传统政府控制，不断引入多元协作；三是完成督察任务的基础上实现公共价值；四是实现对双重制度逻辑的有效管理。

其次，通过对治理理论和悖论理论进行深入分析，指明督察常态化背景下地方环境治理的框架体系设计应该从“制度—结构—过程—绩效”四个维度出发，实现控制和协作的有效共存，进而推动地方环境治理绩效的实现。

再次，分别从制度维度的治理目标的设定、政策工具的选择、制度边界的明晰，结构维度的参与治理网络的利益相关者及其相应的网络结构，过程维度的治理思维、政府内部成员互动、政府与非政府主体互动，绩效维度的控制层面绩效的回应和协作层面绩效的回应四个方面对地方环境治理的框架体系设计开展深入系统的分析，进而开发了督察常态化背景下地方环境治理框架体系。

最后，基于框架设计，进一步结合云南省大理州洱海生态环境治理和安徽省六安市城市水环境治理，运用案例研究，验证分析框架在现实中的具体应用，进而提出了地方政府在环境治理中实现双重制度逻辑兼容的10个命题。

第7章

研究结论与政策建议

地方政府是我国环境治理中最重要的一个主体，也是环境治理的领导者，提升地方政府的环境治理能力，为地方政府提供切实有效的环境治理方案，将是推动地方生态环境治理实现高质量发展极其重要的一环。目前，部分地区在中央生态环保督察的指导下，已经走上了生态环境高质量发展之路，而其他地区亟须向这些地方政府学习和借鉴优秀的环境治理经验。但长期的治理路径依赖以及各地治理情境的差异化，使得很多地方政府面对环境治理问题仍然缺乏科学有效的方法和路径，而一些地方摸索出来的成功经验依然呈现出一种“只见树木、不见森林”的景象，未能有效传播和扩散。所以，如何提升环境治理优秀经验的可复制性、可推广性成为摆在地方政府面前的一道现实难题。中央生态环保督察也逐渐意识到这一问题的重要性，因此在第二轮期间公布了大量的生态环保督察典型优秀案例，但这些优秀的治理经验还缺乏深入系统的研究，对于那些实现优秀环境治理绩效的地方环境治理模式、路径依旧是模糊不清的。

本书首先通过文献梳理和理论分析，揭示了现有关于地方环境治理的研究存在“忽视对有效的地方环境治理行为的探讨”“缺乏对环境治理中双重制度逻辑的适配关系及其实现治理绩效的关注”“未能清楚地揭示地方环境治理影响因素的联动效应及其实施路径”“对中央生态环保督察制度运行过程中地方政府的回应行为还缺乏充分的分析”四个研究不足。进而，基于双重制度逻辑视角搭建“外部情境——控制逻辑——协作逻辑”的地方环境治理分析框架；通过大样本实证分析，揭示了“外部情境——控制逻辑——协作逻辑”中显著提升地方环境治理绩效的不同要素；利用中等规模样本进行组态分析，揭示“外部情境——控制逻辑——协作逻辑”的交互影响所形成的有效的环境治理模式；通过多案例研究揭示实现环境治理高绩效的微观路径；通过理论分析和案例研究搭建督察常态化背景下双重制度逻辑兼容的分析框架，提出帮助地方政府实现制度逻辑兼容的管理策略；最后形成优化地方环境治理的政策建议。本书从宏观到微观、从因素分析到模式总结再到路径及框架体系构建，通过结构化的分析思路，系统描绘了中央生态环保督察下地方环境治理行为以及双重制度逻辑在地方环境治理中的应用。

接下来，本章将分别从转换地方环境治理模式、重视环境治理的过程管理、强化治理过程中对双重制度逻辑的管理能力三方面入手，对如何优化中央生态环保督察下地方环境治理提出政策建议。

7.1　转变环境治理模式

常规治理和运动式治理交替始终是当前我国地方环境治理的主流模式，但大量的研究证实常规治理在推动环境治理中往往会造成地方政府追求经济增长而忽视环境保护，而运动式治理尽管能够克服常规治理的弊端，但往往会产生难以持续、“一刀切”等破坏性的治理后果。因此，地方政府亟须实现环境治理模式的转型，走出常规治理和运动式治理所造成的环境治理困境。通过前面章节深入系统的分析，本书发现了地方政府实现环境治理高绩效的“高控制—高协作”环境治理模式，地方政府在环境治理中要实现控制和协作的共存。具体而言，“高控制—高协作”环境治理模式的发现可以为地方政府开展生态环境治理提供如下政策建议：

（1）注重发挥领导重视的作用。自党的十八大以来，以习近平同志为核心的新一届领导班子始终坚持发挥党的领导优势，要求各级党委肩扛生态文明建设的政治责任，把党的领导贯穿到生态文明建设的全过程之中。因此，党的领导是推动地方生态环境治理实现高质量发展的根本保障。本书的研究发现，领导重视是作为实现环境治理高绩效的必要条件出现的，进一步验证了党的领导对于推动生态环境治理的重要意义。随着当前我国经济发展已进入加快绿色化、低碳化的高质量发展阶段，地方政府领导应该摒弃过去经济挂帅、唯 GDP 论的思维方式，以更高站位、更宽视野关注环境保护问题，从而最大限度地发挥领导重视的作用，扭转地方政府的环境治理注意力，推动环境问题的解决。

本研究进一步建议领导者应该将稀缺的注意力重点分配在环境治理中的 PPP 模式运用以及公民参与中。近年来中央政府大力推动在生态环境领域引入社会资本，如《关于鼓励和支持社会资本参与生态保护修复的意见》（2021）、《关于加快推进城镇环境基础设施建设的指导意见》（2022）等文件均强调在环境治理中引入社会资本的重要意义，尽管通过 PPP 模式能够最大限度地降低地方政府的治理成本、提升管理效率、增强治理能力，但 PPP 模式的规范运营是发挥这些作用的前提。领导重视使得地方政府在运用 PPP 模式进行环境治理时更加规范化，避免可能带来的诸如难以落地、隐性债务、难以按时付费等困境，真正激发 PPP 模式的价值。而领导重视也使得环境问题具有了一定的政治属性，地方政府在环境治理中也会更加注重治理过程可能引发的不良社会影响，会开放公民参与的制度空间，而公民也可以以领导重视为契机，将自身对环境问题的诉求进行有效表达，主动去发现问题并提出问题，这也正是中央生态环保督察所期望的。

（2）实现治理策略与不同外部情境相匹配。2023 年第三轮环保督察伊始，中央生态环保督察发文强调对于督察指出问题的整改，要有轻重缓急，根据问题的难易程度开展有针对性的整改，杜绝“一刀切”“层层加码”等问题。这就要求地方政府根据自身所面临的环境问题属性，有针对性地开展治理工作。正如前文关于地方环境治理影响因素的分析指出，环境问题的属性在一定程度上也会对环境治理绩效产生影响。同时，组态分析也发现面对不同的环境问题，地方政府也应该采取不同的治理策略。具体而言，本书指出：

首先，地方政府不能够以棘手问题为借口而采取不治理和乱治理的手段。党的二十大提出，推动经济社会发展绿色化、低碳化是实现高质量发展的关键环节。高水平保护可以为高质量发展把好关、守好底线，推动产业结构、能源结构、交通运输结构转型升级，倒逼实现生态优先、绿色低碳的高质量发展。在这全新的时代背景下，地方政府要直面高质量发展进程中所遇到的环境问题，在发展的不同环节、各个阶段都要将生态环境保护作为重中之重，不忽视和轻视任何一个环境问题，这样才能最终实现生态环境的高质量发展。

其次，分类施策、因地制宜，为不同的环境问题寻找最适合的解决方案。本书指出，地方政府面临棘手程度较低的环境问题时，“高控制—低协作”型环境治理模式是最适宜的。地方政府应该加强政府的作用，通过发布政策文件指导治理流程，通过党委重视来实现政府内部各部门环境治理注意力的聚焦，而不必须去动员社会力量避免增加治理成本。但随着地方政府所面临的环境问题棘手程度不断上升，“高控制—高协作”环境治理模式将是更为适宜的。在这种情况下，地方政府除了运用政府自身的力量开展环境治理，同时也要注重通过有效的动员不断与非政府主体加强协作，开发合适的环境治理 PPP 项目，积极引入公众参与。因此，地方政府要根据环境问题属性有针对性地选择控制和协作的组合模式。

最后，本书的研究发现指出，政企协作并不区分具体的环境问题，而政府与公民的协作则更加适合复杂性较高的环境问题。因此，地方政府在条件允许的情况下，要善于运用PPP模式，正如贵阳市南明河治理、大理州洱海治理、北京市新凤河治理，通过PPP模式实现了生态环境高质量发展。当地方政府面临复杂性较高的环境问题时，诸如大气治理、水环境治理、自然保护区治理，则要善于发挥公众的作用，通过举办志愿者活动、开展生态文明讲座、开发公民在线参与APP等方式，引导公民参与到环境治理中，能够大大降低地方政府发现环境问题和解决环境问题的成本，提升环境治理的可持续性，同时也会增强地方政府在环境治理中的合法性。

（3）转变环境治理中的控制思维。党的十八大以来，党中央和国务院出台了大量政策文件鼓励地方环境治理中引入多元主体参与。《关于构建现代环境治理体系的指导意见》（2020）指出“构建党委领导、政府主导、企业主体、社会组织和公众共同参与的现代环境治理体系”。《国务院办公厅关于鼓励和支持社会资本参与生态保护修复的意见》（2021）指出“促进社会资本参与生态建设”。《关于规范实施政府和社会资本合作新机制的指导意见》（2023）更是明确强调优先民营企业参与PPP模式，鼓励在生态环境领域开展PPP项目。《公民生态环境行为规范十条》（2023）明确将“参与环保实践、参与环境监督”作为公民参与的重要内容。可以发现，引导社会主体共同参与环境治理是现在和未来地方政府进行生态环境治理的必由之路。

本书的研究结论进一步呼应了这些国家战略，本书通过研究发现了“高控制—高协作”环境治理模式是实现环境治理高绩效的有效模式，为地方政府转变单一控制思维、开启协作治理提供了理论依据和实践指导。因此，本书建议地方政府在今后的环境治理中要摆脱政府控制这一单一的治理方式，积极将非政府主体纳入到环境治理的过程之中。但这并不是要地方政府放弃控制，而是在控制的基础上不断引入协作。地方政府应主动搭建社会参与的平台，如开发环境治理 APP、开展环境保护的宣传活动、鼓励公众积极参与到环境治理中；积极开拓生态环境市场，有条件的地方政府应积极与优秀的环境治理企业进行合作，推广运用 PPP 模式、PPP+EOD 模式等，运用社会资本强大的资金、技术、管理能力去进行环境治理。不断转变环境治理中的控制思维，实现政府主导下的多元协作，这将会是未来实现生态环境高质量发展的重要一步。

（4）提升地方环境治理的主动性。基于外部压力而开展环境治理是长期以来我国地方政府进行环境治理的主要动力，地方政府追求经济发展而缺乏环境治理的主动性，因此中央政府或者上级政府往往会通过目标责任制、领导重视等方式去给地方政府施加压力，一旦这一压力消失，地方政府又回到了过去先污染后治理的发展老路之上。2023 年 11 月习近平总书记在《求是》杂志上发表文章指出，要处理好高质量发展和高水平保护的关系，高质量发展和高水平保护是相辅相成、相得益彰的。因此，在生态环境治理中，地方政府必须主动扭转唯 GDP 论、树立正确发展观，增强环境治理的主动性。从实践中看，一些地方政府已经逐渐意识到实现生态环境治理高质量发展的重要意义，通过不断参与到环境治理中，不断与社会资本、公众进行协作，进而大大提升了自身的环境治理能力，开始有意识地主动去追求实现生态环境的高质量发展。

本文研究建议，地方政府可以通过如下路径来培育起生态环境治理的主动性：首先，提升地方政府环境治理的主动性需要像习近平总书记经常提到的那样，“守正笃实，久久为功”，在不断与社会主体的互动中慢慢培育自身的环境治理主动性；其次，环境治理的主动性与政府所具备的治理能力和治理技术是密不可分的，当缺乏相应的技术和能力去治理棘手的环境问题时，地方政府将很难培育起环境治理的主动性；最后，从社会端倒逼地方政府参与环境治理也会大幅提升地方政府环境治理的主动性，地方政府要不断通过制度设计鼓励公众、NGO、社会资本参与到环境治理中。

7.2 重视环境治理的过程管理

2021年颁布的《中共中央国务院关于深入打好污染防治攻坚战的意见》明确将“坚持精准科学、依法治污”作为一项重要的工作原则，指出地方政府的环境治理要加强全过程监管。本书分别从治理目标的演化机制、高绩效环境治理模式的实现路径两个角度出发，探究地方政府实现环境治理高绩效的微观路径。基于过程层面的深入分析可以更好地洞悉地方政府环境治理的微观细节，使得地方政府能够明晰在具体的治理过程中如何配置政策工具、如何运用控制和协作以实现环境治理绩效，进而杜绝地方政府在治理中由于不明晰治理过程而陷入“照猫画虎”“照本宣科”等治理困境。

（1）优化地方环境治理的目标设置。科学合理的目标设置是推动地方环境治理的重要工具，可以有效协调各方主体参与到环境治理中，明确未来的工作重点以及工作方向。本书的研究表明，地方环境治理目标设置应该是一个过程，包括“确立—调适—强化—重塑”四个阶段，并且随着治理进程的不断推进，目标的设置也应该逐渐由易向难。

首先，目标演化的过程观指出，治理目标的确立和演化是一个包含“确立—调适—强化—重塑”的过程，政府部门在设定治理目标中不能“一手包办”，但也不能完全开放决策过程，而应在目标演化的不同阶段发挥不同的作用。具体来说，在确立初始治理目标时，此时各个利益相关者之间的关系并不稳定，不同利益相关者之间的认知存在巨大差异，往往很难就治理目标达成一致。因此，在这个阶段政府应该作为初始目标的制定者，要保证在初始目标设定中的控制性和权威性，这样可以极大程度地降低初始目标设置的成本，进而推动后续治理工作的展开。而在目标演化中政府要保持回应性，为了让政府设置的初始目标能够得到不同利益相关者的认同并且推动治理目标的不断演化，地方政府要主动开放决策过程，通过规范的协作程序、包容的协作模式、高效的领导力去推动不同利益主体参与到治理过程中。

其次，地方政府的目标设置要循序渐进，由易向难，这样才能够实现目标的合理更新。现实中不难发现大量地方政府出于政绩等多种考虑往往会设置过于超前的治理目标，但其对治理过程不具有实质性的指导意义，也会造成自上而下“层层加码”的问题，往往难以实现预期的绩效。在2023年发起的第三轮中央生态环保督察就明确指出要杜绝“层层加码”问题，有阶段性、有计划地开展环境治理工作。因此，目标的设置需要循序渐进，合理的目标更新需要考虑治理过程。以水环境治理为例，尽管“十四五”期间重点强调实现“水生态”，但地方政府在确定治水目标时也应该首先去关注水质的提升，进而通过良好的协作过程去进一步提升自身治理能力、创新治理技术，在此基础上进一步去追求“水生态”。

最后，“治理＋技术”是推动地方政府确定可持续的环境治理目标的关键。地方政府一方面需要继续加大对协作治理网络的建设。另一方面也要着重去推动技术创新，正如在南明河治理中探索出的分布式下沉污水处理技术。同时，技术创新与治理能力的提升往往是彼此依赖的，科学合理的目标设置需要地方政府同时考虑自身的治理能力以及是否具备解决该问题的治理技术。在一些优秀的环境治理案例中，包括贵阳市南明河治理、大理州洱海治理、北京市新凤河治理，这些地方政府都从治理能力和治理技术层面不断创新，进而才能够真正将追求“水生态”作为未来的治理目标。因此，地方政府在进行技术经验学习和移植时，也要深耕自身治理能力，实现生态环境高质量发展。

（2）基于过程时序灵活运用控制和协作。虽然大量政策文件出台要求地方政府实现环境治理的多元共治，但具体控制和协作发挥作用的微观过程是什么，对于地方政府而言依旧是模糊的。基于第 5 章的案例分析，本书指出了在推动环境治理过程中控制和协作发挥作用的具体流程是“先控制后协作”，地方政府应该首先运用控制逻辑来明确治理流程、扭转治理注意力，在此基础上逐渐引入社会资本和公众参与到环境治理中。在这个过程中，控制为协作提供了规则约束和动员优势，而协作则为控制提供了治理资源、技术、管理经验等。

因此，本书为地方政府科学合理地设计环境治理过程提出如下政策建议：首先，党委应该将环境治理问题作为一项重要的治理任务，将这一压力传递给地方政府的各个部门以及下级政府，通过领导担任协作小组的组长、领导亲自带队调研、领导批示、领导下沉一线办公、发起专项行动等方式去不断扭转各级政府的环境治理注意力。其次，在完成政治压力传导后，地方政府要进一步出台相关政策文件、成立多部门的协作小组、按照规章制度去推进环境治理工作。其中，出台明确针对该问题的环境治理方案是一项重要的措施。在方案中应该明确不同阶段不同主体应该完成何种程度的治理任务，实现何种程度的治理目标。最后，随着治理进程的不断推进，地方政府要依据环境问题的属性以及自身所面临的环境治理情境，有针对性地引入协作。可以发起环境治理的 PPP 模式，与社会资本协作去推动环境问题的解决，但政府领导也要重视 PPP 模式的规范运作。随着环境问题初步解决，此时政府要积极鼓励公众参与，通过举办各种公众参与活动、进行宣传教育等方式引导公众参与到日常的环境治理中。

（3）避免治理过程“工具主义化”。当前时代下，环境治理的流程逐渐规范、环境治理的工具也愈加丰富，中央政府开展了大量的环境治理政策试点和政策推广，地方政府之间的交流、沟通、互动也更加频繁，因此学习一种新的模式，采纳一种新的环境治理工具对地方政府来说并非难事。但具体如何去运用这一模式或者工具进而发挥其应有的价值，这是大量地方政府难以达成的，往往造成了地方政府在借鉴优秀的环境治理经验时，只追求“形似”而忽视了“神似”，不但没有实现应有的环境治理绩效，反而造成了治理资源的严重浪费。

为有效规避治理过程“工具主义化”，本书提出如下政策建议：首先，构建的多主体协作网络应该开放，杜绝形成封闭的小圈子、拒绝打招呼、靠关系，政府要为协作网络的形成和运转提供政策支持，形成一种包容性的协作网络。其次，严格按照规范的治理流程去开展项目审批、建设、运营。开展环境治理 PPP 项目对于提升环境治理绩效作用极大，但是要避免 PPP 项目仅仅成为政府融资的工具，而没有发挥项目本身在环境治理技术创新、成本节约、节能降耗等方面应有的作用。再次，合理运用领导重视的作用，地方政府“一把手”重视对环境治理绩效提升的价值不言而喻，但前提是“一把手”能够真正贯彻落实习近平生态文明思想，为政府内部部门协作、政企协作、政府和公民协作提供必要的资源和制度支持，并且对于一些重要的、复杂的环境问题亲自督办，推动形成一种在生态环境治理领域良好的政治生态。最后，地方政府要明确控制和协作在具体治理场景中的运用流程，能够在不同的治理情境和治理阶段下选择适宜的控制和协作工具。

总之，只有通过对优秀治理经验进行深入系统的学习，理清其背后发挥作用的深层次原因，才能够有效避免治理过程的“工具主义倾向”，真正发挥优秀经验的价值。

7.3　强化治理过程中对双重制度逻辑的管理能力

本书核心结论在于控制和协作共存的“高控制—高协作”环境治理模式是地方实现环境治理高绩效的最主要的模式。这就意味着在地方环境治理中要同时发挥控制和协作双重制度逻辑的重要作用，具备管理双重制度逻辑的能力。进而，本书为地方政府管理控制和协作逻辑之间的潜在冲突，最终实现控制和协作逻辑的有效共存提出如下政策建议：

（1）将双重制度逻辑的兼容思维融入治理的制度设计中。制度设计会对组织的治理行为产生直接的影响，因此，地方政府在环境治理的制度设计中应实现控制和协作逻辑的兼容。具体而言，首先，在地方环境治理的治理目标设置中，应该进一步贯彻落实习近平生态文明思想，增强“绿水青山就是金山银山”这一理念在政府内部各部门、各个利益相关者的认同感，在此基础上，主动将不同利益相关者的目标统筹纳入地方环境治理的目标设计中，让不同利益相关者在治理目标中都能看到自身的价值。同时，也可以选择与遵循相同治理目标的利益相关者协作，从而降低目标协调的成本。

其次，在政策工具的选择上，地方政府应该合理运用实质性政策工具，以此来推动相关环境治理目标快速且高效地完成。在此基础上要逐步开发协作导向的政策工具，增强政府对协作的管理能力，如建立或改变已有的网络结构、创新公共物品提供模式、吸引社会公众参与、加强信息交流和知识传递。只有有效结合程序性和实质性政策工具，地方政府才能够有效地实现环境治理的过程管理和结果管理。

最后，地方政府要明确控制和协作逻辑发挥作用的边界，防止控制或协作超越了发挥作用的最佳限度，进而引发环境治理困境。其中，地方政府可以采取发布政策文件、出台或者完善已有行政法规等方式来明确界定政府干预的界限，对环境治理中的违规和违法行为进行明确界定。对于边界范围之外的具体环境治理任务，政府则要引导多元主体参与进来，不去过多限制和干预，激发多元主体的主动性和创造性。

（2）构建领导者治理的协作网络。实现环境治理多元共治的前提就是打破政府单一主体治理环境问题的现状，地方政府应邀请与该环境问题密切相关的利益相关者参与进来，这既包括直接的污染企业、群众，也涵盖了 NGO、社会资本等。这些不同主体的参与为环境治理提供了互补的资金和技术，强化了地方政府发现问题和解决问题的能力。如与专业的环境治理企业合作，引入先进的环境治理理念和环境治理技术；与公民有效协作则可以强化监督，降低地方政府发现环境问题的成本。在《关于构建现代环境治理体系的指导意见》（2020）中明确指出，“构建党委领导、政府主导、企业主体、社会组织和公众共同参与的现代环境治理体系”，这意味着在多元共治的环境治理体系中，党委和政府要作为协作网络的核心，形成一种领导者治理的网络结构，构建起利益共享、责任共担、行为协同的环境治理共同体。

此外，地方政府应该主动为这些主体参与协作提供制度空间，如主动、定期的与非政府主体进行沟通和协商、形成阶段性的联席会议、发起社会参与的志愿活动、强化宣传教育等，转变其他利益相关者对以往封闭的治理结构的刻板印象，让不同利益相关者意识到自身的作用和价值，增加其参与环境治理的意愿，而不会由于过分担忧在协作网络中由于权力不对称而被边缘化。

（3）在治理过程中实现控制和协作双重制度逻辑的兼容。首先，地方政府要注重培育自己的兼容思维。在未来的环境治理场景中，控制逻辑和协作逻辑的共存将成为地方政府所必须去面对和解决的治理议题，地方政府应该积极接纳并适应这种治理场景。可以将双重制度逻辑的管理能力纳入政府组织的招聘、选拔、培训、学习、晋升等多个环节，并引导利益相关者认识到控制与协作逻辑兼容的重要作用。

其次，有效运用分隔与混合策略管理政府部门内部的逻辑冲突。地方政府内部应该成立专门的管理协作事务的相关部门，让长期遵循协作逻辑或者擅长处理协作事务的相关人员具有单独行动的空间，从而避免与遵循控制逻辑的相关部门和人员的冲突，并且也增加了地方政府与相关协作方共同治理环境问题的效率。如在贵阳南明河治理中，贵阳市政府专门成立了南明河整治项目 PPP 领导小组和指挥部，专门负责处理与 PPP 相关的事务；在大理洱海治理中，地方政府成立了单独的“1806”指挥部，负责单独与拆迁企业协商解决居民拆迁中可能遇到的问题。此外，地方政府也要积极将遵循不同制度逻辑的部门有效整合起来，以政策文件的形式明确不同部门的具体工作职责，确定各部门的共同治理目标以及单独的治理目标，使得各部门基于共同目标开展行动，但各司其职。

最后，在地方政府同非政府主体的协作初期，地方政府要加强控制与干预，而随着协作进程的推进，则要进一步放松干预，提高协作方的自主性。同时，对协作方要加强对结果的考核，在协作过程中给予其较高的自主性，这样可以激发协作方的创新。通过这些措施，提高了地方政府在协作中的管理能力，提升了协作效率与效果，也有效规避了协作方利用信息优势和自利动机从事机会主义行为。

整体而言，在未来的地方政府环境治理场域中，实现制度、结构和过程中双重制度逻辑的兼容对于完成地方政府环境治理任务、增强环境治理能力、提升地区环境质量、实现多方满意、催生环境治理中公共价值的实现具有重要意义。

本章小结

当前，我国地方政府的环境治理工作已经进入“深水区”“啃硬骨头”的关键时期，攻坚克难的压力巨大，大量的地方政府由于缺乏有效的环境治理模式以及具体的环境治理方案造成环境污染问题严峻。正如习近平总书记提出，生态环境治理也是一个“久久为功”的过程，通过对地方政府涌现的优秀环境治理案例以及失败环境治理案例进行深入系统的研究，本章总结了全书的研究发现，并从治理模式转变、治理过程优化、强化对双重制度逻辑管理三个维度，为地方政府提供了合理运用控制和协作双重制度逻辑提升环境治理绩效的实践策略：①注重发挥领导重视的作用；②实现治理策略与不同外部情境相匹配；③转变环境治理中的控制思维；④提升地方环境治理的主动性；⑤优化地方环境治理的目标设置；⑥基于过程时序灵活运用控制和协作；⑦避免治理过程“工具主义化”；⑧将双重制度逻辑的兼容思维融入治理的制度设计中；⑨构建领导者治理的协作网络；⑩在治理过程中实现控制和协作双重制度逻辑的兼容。

未来地方环境治理，应该继续在习近平生态文明思想的指引下，通过有效运用控制和协作双重制度逻辑，进而实现生态环境高质量发展。

参考文献
REFERENCE

［1］蔡晓梅，苏杨．从冲突到共生——生态文明建设中国家公园的制度逻辑［J］．管理世界，2022，38（11）：131-154.

［2］陈家建，边慧敏，邓湘树．科层结构与政策执行［J］．社会学研究，2013，28（6）：1-20，242.

［3］陈玲，林泽梁，薛澜．双重激励下地方政府发展新兴产业的动机与策略研究［J］．经济理论与经济管理，2010（9）：50-56.

［4］陈那波，卢施羽．场域转换中的默契互动——中国“城管”的自由裁量行为及其逻辑［J］．管理世界，2013（10）：62-80.

［5］崔晶．“运动式应对”：基层环境治理中政策执行的策略选择——基于华北地区Y小镇的案例研究［J］．公共管理学报，2020，17（4）：32-42，166.

［6］崔晶．中国情境下政策执行中的“松散关联式”协作：基于S河流域治理政策的案例研究［J］．管理世界，2022，38（6）：85-101.

［7］董香书，卫园园，肖翔．财政分权如何影响绿色创新？［J］．中国人口·资源与环境，2022，32（8）：62-74.

［8］冯仕政．中国国家运动的形成与变异：基于政体的整体性解释［J］．开放时代，2011（1）：73-97.

［9］顾丽梅，李欢欢．行政动员与多元参与：生活垃圾分类参与式治理的实现路径——基于上海的实践［J］．公共管理学报，2021，18（2）：83-94，170.

［10］郭凌军，刘嫣然，刘光富．环境规制、绿色创新与环境污染关系实证研究［J］．管理学报，2022，19（6）：892-900，927.

［11］何艳玲，王铮．统合治理：党建引领社会治理及其对网络治理的再定义［J］．管理世界，2022，38（5）：115-131.

［12］李子豪，白婷婷．政府环保支出、绿色技术创新与雾霾污染［J］．科研管理，2021，42（2）：52-63.

［13］练宏．弱排名激励的社会学分析——以环保部门为例［J］．中国社会科学，2016（1）：82-99，205.

［14］练宏．注意力分配：基于跨学科视角的理论述评［J］．社会学研究，2015，30（4）：215-241，246.

［15］林民望．环境协作治理行动何以改进环境绩效：分析框架与研究议程［J］．中国人口·资源与环境，2022，32（5）：96-105.

［16］马洁琼，赵海峰．中央环保督察何时起效？——中央环保督察对城市环境质量的时滞效应研究［J］．管理评论，2023，35（12）：295-307.

[17] 母睿，贾俊婷，李鹏.城市群环境合作效果的影响因素研究——基于13个案例的模糊集定性比较分析[J].中国人口·资源与环境，2019，29（8）：12-19.

[18] 母睿，郎梦.共同生产视角下生活垃圾分类效果评价与政策驱动路径——基于中国中东部地区19个城市的模糊集定性比较分析[J].中国人口·资源与环境，2023，33（9）：182-191.

[19] 石庆玲，郭峰，陈诗一.雾霾治理中的“政治性蓝天”——来自中国地方“两会”的证据[J].中国工业经济，2016（5）：40-56.

[20] 孙岩，张备.如何破解环境政策执行“运动式”困境？——基于组态的研究[J].科研管理，2022，43（6）：84-93.

[21] 孙岩，张备.协作治理目标演化的微观过程——基于两个中央环保督察典型案例的比较[J].中国人口·资源与环境，2023，33（12）：120-133.

[22] 锁利铭，李雪.从“单一边界”到“多重边界”的区域公共事务治理——基于对长三角大气污染防治合作的观察[J].中国行政管理，2021（2）：92-100.

[23] 唐皇凤.常态社会与运动式治理——中国社会治安治理中的“严打”政策研究[J].开放时代，2007（3）：115-129.

[24] 王凤彬，张雪.用纵向案例研究讲好中国故事：过程研究范式、过程理论化与中西对话前景[J].管理世界，2022，38（6）：191-213.

[25] 王岭，刘相锋，熊艳.中央环保督察与空气污染治理——基于地级城市微观面板数据的实证分析[J].中国工业经济，2019（10）：5-22.

[26] 王诗宗，杨帆.基层政策执行中的调适性社会动员：行政控制与多元参与[J].中国社会科学，2018（11）：135-155，205-206.

[27] 王亚华.中国用水户协会改革：政策执行视角的审视[J].管理世界，2013（6）：61-71，98，187-188.

[28] 王盈盈，王守清.生态导向的政府和社会资本合作（PPP+EOD）模式之探讨[J].环境保护，2022，50（14）：44-48.

[29] 习近平.推进生态文明建设需要处理好几个重大关系[J].求是，2023（22）：4-7.

[30] 徐明强，许汉泽.运动其外与常规其内：“指挥部”和基层政府的攻坚治理模式[J].公共管理学报，2019，16（2）：28-40，169-170.

[31] 阎波，武龙，陈斌，等.大气污染何以治理？——基于政策执行网络分析的跨案例比较研究[J].中国人口·资源与环境，2020，30（7）：82-92.

[32] 杨宏山.政策执行的路径—激励分析框架：以住房保障政策为例[J].政治学研究，2014（1）：78-92.

[33] 杨志军.运动式治理悖论：常态治理的非常规化——基于网络“扫黄打非”运动分析[J].公共行政评论，2015，8（2）：47-72，180.

[34] 原超，李妮.地方领导小组的运作逻辑及对政府治理的影响——基于组织激励视角的分析[J].公共管理学报，2017，14（1）：27-37，155.

[35] 张金阁.环境治理中地方政府公众参与模式差异化选择的逻辑——基于“合法性—有效性”框架[J].社会科学家，2023（4）：82-88，95.

[36] 张明，杜运周．组织与管理研究中QCA方法的应用：定位、策略和方向［J］．管理学报，2019，16（9）：1312-1323.
[37] 郑思齐，万广华，孙伟增，等．公众诉求与城市环境治理［J］．管理世界，2013（6）：72-84.
[38] 周黎安．中国地方官员的晋升锦标赛模式研究［J］．经济研究，2007（7）：36-50.
[39] 周雪光．基层政府间的“共谋现象”——一个政府行为的制度逻辑［J］．社会学研究，2008（6）：1-21，243.
[40] 周雪光．运动型治理机制：中国国家治理的制度逻辑再思考［J］．开放时代，2012（9）：105-125.
[41] 庄玉乙，胡蓉．“一刀切”抑或“集中整治”？——环保督察下的地方政策执行选择［J］．公共管理评论，2020，2（4）：5-23.
[42] AGBODZAKEY J K. Leadership in collaborative governance：the case of HIV/AIDS health services planning council in south florida［J］. International Journal of Public Administration，2021，44（13）：1051-1064.
[43] ALFORD J，HEAD B W. Wicked and less wicked problems：a typology and a contingency framework［J］. Policy and Society，2017，36（3）：397-413.
[44] ALONSO J M，ANDREWS R. Governance by targets and the performance of cross-sector partnerships：do partner diversity and partnership capabilities matter ?［J］. Strategic Management Journal，2019，40（4）：556-579.
[45] ANGST M，MEWHIRTER J，MCLAUGHLIN D，et al. Who joins a forum—and who does not ?—evaluating drivers of forum participation in polycentric governance systems［J］. Public Administration Review，2022，82（4）：692-707.
[46] ANSELL C，DOBERSTEIN C，HENDERSON H，et al. Understanding inclusion in collaborative governance：a mixed methods approach［J］. Policy and Society，2020，39（4）：570-591.
[47] ANSELL C，GASH A. Collaborative governance in theory and practice［J］. Journal of Public Administration Research and Theory，2008，18（4）：543-571.
[48] ANSELL C，GASH A. Collaborative platforms as a governance strategy［J］. Journal of Public Administration Research and Theory，2018，28（1）：16-32.
[49] BALDWIN E. Why and how does participatory governance affect policy outcomes ? theory and evidence from the electric sector［J］. Journal of Public Administration Research and Theory，2020，30（3）：365-382.
[50] BALI A S，HOWLETT M，LEWIS J M，et al. Procedural policy tools in theory and practice［J］. Policy and Society，2021，40（3）：295-311.
[51] BARNEY J B. Why resource-based theory' s model of profit appropriation must incorporate a stakeholder perspective［J］. Strategic Management Journal，2018，39（13）：3305-3325.
[52] BATTILANA J，LEE M. Advancing research on hybrid organizing-Insights from the

study of social enterprises［J］. Academy of Management Annals，2014，8（1）：397-441.

［53］BEACH D. Achieving methodological alignment when combining QCA and process tracing in practice［J］. Sociological Methods & Research，2018，47（1）：64-99.

［54］BEESON M. The coming of environmental authoritarianism［J］. Environmental Politics，2010，19（2）：276-294.

［55］BERTI M，SIMPSON A V. On the practicality of resisting pragmatic paradoxes［J］. Academy of Management Review，2021，46（2）：409-412.

［56］BESHAROV M L，SMITH W K. Multiple institutional logics in organizations：explaining their varied nature and implications［J］. Academy of Management Review，2014，39（3）：364-381.

［57］BIDDLE J C，KOONTZ T M. Goal specificity：a proxy measure for improvements in environmental outcomes in collaborative governance［J］. Journal of Environmental Management，2014，145：268-276.

［58］BODIN Ö. Collaborative environmental governance：achieving collective action in social-ecological systems［J］. Science，2017，357（6352）：eaan1114.

［59］BOHN S，GÜMÜSAY A A. Growing institutional complexity and field transition：towards constellation complexity in the german energy field［J］. Journal of Management Studies，2023.

［60］BRIDOUX F，STOELHORST J W. Stakeholder governance：solving the collective action problems in joint value creation［J］. Academy of Management Review，2022，47（2）：214-236.

［61］BRISBOIS M C，MORRIS M，DE LOË R. Augmenting the IAD framework to reveal power in collaborative governance-an illustrative application to resource industry dominated processes［J］. World Development，2019，120：159-168.

［62］BRYSON J M，ACKERMANN F，EDEN C. Discovering collaborative advantage：the contributions of goal categories and visual strategy mapping［J］. Public Administration Review，2016，76（6）：912-925.

［63］CALLENS C，VERHOEST K，BOON J. Combined effects of procurement and collaboration on innovation in public-private-partnerships：a qualitative comparative analysis of 24 infrastructure projects［J］. Public Management Review，2022，24（6）：860-881.

［64］CASADY C B，ERIKSSON K，LEVITT R E，et al.（Re）defining public-private partnerships（PPPs）in the new public governance（NPG）paradigm：an institutional maturity perspective［J］. Public Management Review，2020，22（2）：161-183.

［65］CHEN H，CHEN W N，YI H T. Collaborative networks and environmental governance performance：a social influence model［J］. Public Management Review，2021，23（12）：1878-1899.

［66］CHEN Y，JIN G Z，KUMAR N，et al. The promise of Beijing：evaluating the impact of the 2008 Olympic Games on air quality [J]. Journal of Environmental Economics and Management, 2013, 66 (3): 424-443.

[67] COLETTI A L, SEDATOLE K L, TOWRY K L. The effect of control systems on trust and cooperation in collaborative environments [J]. The Accounting Review, 2005, 80 (2): 477-500.

[68] CONG W, LI X, QIAN Y, et al. Polycentric approach of wastewater governance in textile industrial parks: case study of local governance innovation in China [J]. Journal of Environmental Management, 2021, 280: 111730.

[69] DALPIAZ E, RINDOVA V, RAVASI D. Combining logics to transform organizational agency: blending industry and art at Alessi [J]. Administrative Science Quarterly, 2016, 61 (3): 347-392.

[70] DE VRIES S. The power of procedural policy tools at the local level: australian local governments contributing to policy change for major projects [J]. Policy and Society, 2021, 40 (3): 414-430.

[71] DEFRIES R, NAGENDRA H. Ecosystem management as a wicked problem [J]. Science, 2017, 356 (6335): 265-270.

[72] DEMIRCIOGLU M A, VIVONA R. Positioning public procurement as a procedural tool for innovation: an empirical study [J]. Policy and Society, 2021, 40 (3): 379-396.

[73] DIMAGGIO P J, POWELL W W. The iron cage revisited: institutional isomorphism and collective rationality in organizational fields [J]. American Sociological Review, 1983: 147-160.

[74] EDMONDSON D L, KERN F, ROGGE K S. The co-evolution of policy mixes and socio-technical systems: towards a conceptual framework of policy mix feedback in sustainability transitions [J]. Research Policy, 2019, 48 (10): 103555.

[75] EISENHARDT K M. Building theories from case study research [J]. Academy of Management Review, 1989, 14 (4): 532-550.

[76] ELSTON T, BEL G, WANG H. If it ain't broke, don't fix it: when collaborative public management becomes collaborative excess [J]. Public Administration Review, 2023, 83 (6): 1737-1760.

[77] EMERSON K, NABATCHI T. Evaluating the productivity of collaborative governance regimes: a performance matrix [J]. Public Performance&Management Review, 2015, 38 (4): 717-747.

[78] EMERSON K, NABATCHI T, BALOGH S. An integrative framework for collaborative governance [J]. Journal of Public Administration Research and Theory, 2012, 22 (1): 1-29.

[79] EURY J L, KREINER G E, TREVIÑO L K, et al. The past is not dead: legacy identification and alumni ambivalence in the wake of the Sandusky scandal at Penn State [J]. Academy of Management Journal, 2018, 61 (3): 826-856.

[80] FAN Z，MENG Q，WEI N. Fiscal slack or environmental pressures：which matters more for technological innovation assimilation? a configurational approach [J]. International Public Management Journal，2020，23 (3)：380-404.

[81] FISS P C. Building better causal theories：a fuzzy set approach to typologies in organization research [J]. Academy of Management Journal，2011，54 (2)：393-420.

[82] GIOIA D A，CORLEY K G，HAMILTON A L. Seeking qualitative rigor in inductive research：notes on the Gioia methodology [J]. Organizational Research Methods，2013，16 (1)：15-31.

[83] GIOIA D A，PATVARDHAN S D，HAMILTON A L，et al. Organizational identity formation and change [J]. Academy of Management Annals，2013，7 (1)：123-193.

[84] GRANOVETTER M. Economic action and social structure：the problem of embeddedness [J]. American Journal of Sociology，1985，91 (3)：481-510.

[85] GREENWOOD R，RAYNARD M，KODEIH F，et al. Institutional complexity and organizational responses [J]. Academy of Management Annals，2011，5 (1)：317-371.

[86] GÜMÜSAY A A，SMETS M，MORRIS T. "God at work"：engaging central and incompatible institutional logics through elastic hybridity [J]. Academy of Management Journal，2020，63 (1)：124-154.

[87] HOFFMANN V H，TRAUTMANN T，SCHNEIDER M. A taxonomy for regulatory uncertainty—application to the European Emission Trading Scheme [J]. Environmental Science & Policy，2008，11 (8)：712-722.

[88] HOOD C，MARGETTS H. The tools of government in the digital age [M]. Bloomsbury Publishing，2007.

[89] HUANG C，CHEN W，YI H. Collaborative networks and environmental governance performance：a social influence model [J]. Public Management Review，2021，23 (12)：1878-1899.

[90] HUGHES O E. Public management and administration [M]. Bloomsbury Publishing，2017.

[91] JAGER N W，NEWIG J，CHALLIES E，et al. Pathways to implementation：evidence on how participation in environmental governance impacts on environmental outcomes [J]. Journal of Public Administration Research and Theory，2020，30 (3)：383-399.

[92] JAY J. Navigating paradox as a mechanism of change and innovation in hybrid organizations [J]. Academy of Management Journal，2013，56 (1)：137-159.

[93] JORDAN A，WURZEL R K W，ZITO A R. Still the century of 'new' environmental policy instruments? exploring patterns of innovation and continuity [J]. Environmental Politics，2013，22 (1)：155-173.

[94] KLIJN E H, STEIJN B, EDELENBOS J. The impact of network management on outcomes in governance networks [J]. Public Administration, 2010, 88 (4): 1063-1082.

[95] KOSTKA G. Command without control: the case of China's environmental target system [J]. Regulation&Governance, 2016, 10 (1): 58-74.

[96] KRAUSE R M, HAWKINS C V, PARK A Y S, et al. Drivers of policy instrument selection for environmental management by local governments [J]. Public Administration Review, 2019, 79 (4): 477-487.

[97] LEE H. Collaborative governance platforms and outcomes: an analysis of Clean Cities coalitions [J]. Governance, 2023, 36 (3): 805-825.

[98] LEMOS M C, AGRAWAL A. Environmental governance [J]. Annual Review of Environment and Resources, 2006, 31: 297-325.

[99] LEWICKI R J, MCALLISTER D J, BIES R J. Trust and distrust: new relationships and realities [J]. Academy of Management Review, 1998, 23 (3): 438-458.

[100] LEWIS J M, NGUYEN P, CONSIDINE M. Are policy tools and governance modes coupled ? analysing welfare-to-work reform at the frontline [J]. Policy and Society, 2021, 40 (3): 397-413.

[101] LEWIS M W. Exploring paradox: toward a more comprehensive guide [J]. Academy of Management Review, 2000, 25 (4): 760-776.

[102] LEWIS M W, SMITH W K. Reflections on the 2021 AMR Decade Award: navigating paradox is paradoxical [J]. Academy of Management Review, 2022, 47 (4): 528-548.

[103] LIPSKY M. Toward a theory of street-level bureaucracy [M]. Madison, Wisconsin: Institute for Research on Poverty, University of Wisconsin, 1969.

[104] LIU N N, LO C W H, ZHAN X, et al. Campaign - style enforcement and regulatory compliance [J]. Public Administration Review, 2015, 75 (1): 85-95.

[105] LIU N, TANG S Y, ZHAN X, et al. Policy uncertainty and corporate performance in government-sponsored voluntary environmental programs [J]. Journal of Environmental Management, 2018, 219: 350-360.

[106] LIU Y, WU J, YI H, et al. Under what conditions do governments collaborate ? A qualitative comparative analysis of air pollution control in China [J]. Public Management Review, 2021, 23 (11): 1664-1682.

[107] MIRON-SPEKTOR E, INGRAM A, KELLER J, et al. Microfoundations of organizational paradox: the problem is how we think about the problem [J]. Academy of Management Journal, 2018, 61 (1): 26-45.

[108] MORRISON T H, ADGER W N, BROWN K, et al. The black box of power in polycentric environmental governance [J]. Global Environmental Change, 2019, 57: 101934.

[109] MOUNTFORD N, GEIGER S. Duos and duels in field evolution: how governments

and interorganizational networks relate [J]. Organization Studies, 2020, 41 (4): 499-522.
[110] NEWIG J, CHALLIES E, JAGER N W, et al. The environmental performance of participatory and collaborative governance: a framework of causal mechanisms [J]. Policy Studies Journal, 2018, 46 (2): 269-297.
[111] OSEI-KYEI R, CHAN A P C. Review of studies on the critical success factors for Public-Private Partnership (PPP) projects from 1990 to 2013 [J]. International Journal of Project Management, 2015, 33 (6): 1335-1346.
[112] OSTROM E. Governing the commons: the evolution of institutions for collective action [M]. Cambridge university press, 1990.
[113] PACHE A C, SANTOS F. Inside the hybrid organization: selective coupling as a response to competing institutional logics [J]. Academy of Management Journal, 2013, 56 (4): 972-1001.
[114] PACHECO-VEGA R. Environmental regulation, governance, and policy instruments, 20 years after the stick, carrot, and sermon typology [J]. Journal of Environmental Policy & Planning, 2020, 22 (5): 620-635.
[115] PRADIES C. With head and heart: how emotions shape paradox navigation in veterinary work [J]. Academy of Management Journal, 2023, 66 (2): 521-552.
[116] PROVAN K G, KENIS P. Modes of network governance: structure, management, and effectiveness [J]. Journal of Public Administration Research and Theory, 2008, 18 (2): 229-252.
[117] PURDY J M. A framework for assessing power in collaborative governance processes [J]. Public Administration Review, 2012, 72 (3): 409-417.
[118] RAFFAELLI R, GLYNN M A, TUSHMAN M. Frame flexibility: the role of cognitive and emotional framing in innovation adoption by incumbent firms [J]. Strategic Management Journal, 2019, 40 (7): 1013-1039.
[119] RAISCH S, KRAKOWSKI S. Artificial intelligence and management: the automation-augmentation paradox [J]. Academy of Management Review, 2021, 46 (1): 192-210.
[120] RHODES R A W. The new governance: governing without government [J]. Political Studies, 1996, 44 (4): 652-667.
[121] SCOTT T A. Is collaboration a good investment? modeling the link between funds given to collaborative watershed councils and water quality [J]. Journal of Public Administration Research and Theory, 2016, 26 (4): 769-786.
[122] SMITH W K, BESHAROV M L. Bowing before dual gods: how structured flexibility sustains organizational hybridity [J]. Administrative Science Quarterly, 2019, 64 (1): 1-44.
[123] SMITH W K, LEWIS M W. Toward a theory of paradox: a dynamic equilibrium model of organizing [J]. Academy of Management Review, 2011, 36 (2): 381-

403.
[124] SONG H C. Identity conflict amidst environmental change: an ethnography of a Korean Buddhist temple [J]. Journal of Management Studies, 2023, 60 (4): 889-923.
[125] SPARR J L, MIRON-SPEKTOR E, LEWIS M W, et al. From a label to a metatheory of paradox: If we change the way we look at things, the things we look at change [J]. Academy of Management Collections, 2022, 1 (2): 16-34.
[126] STOKER G. Public value management: a new narrative for networked governance? [J]. The American Review of Public Administration, 2006, 36 (1): 41-57.
[127] SUNDARAMURTHY C, LEWIS M. Control and collaboration: paradoxes of governance [J]. Academy of Management Review, 2003, 28 (3): 397-415.
[128] TANG Y, LIU M, ZHANG B. Can public-private partnerships (PPPs) improve the environmental performance of urban sewage treatment? [J]. Journal of Environmental Management, 2021, 291: 112660.
[129] THORNTON P H, OCASIO W. Institutional logics and the historical contingency of power in organizations: executive succession in the higher education publishing industry, 1958-1990 [J]. American Journal of Sociology, 1999, 105 (3): 801-843.
[130] THORNTON P H. Markets from culture: institutional logics and organizational decisions in higher education publishing [M]. Stanford University Press, 2004.
[131] THOMAS K W. Thomas-kilmann conflict mode [J]. TKI Profile and Interpretive Report, 2008, 1 (11).
[132] TORFING J, CRISTOFOLI D, GLOOR P A, et al. Taming the snake in paradise: combining institutional design and leadership to enhance collaborative innovation [J]. Policy and Society, 2020, 39 (4): 592-616.
[133] TROTTER P A, BROPHY A. Policy mixes for business model innovation: the case of off-grid energy for sustainable development in sub-Saharan Africa [J]. Research Policy, 2022, 51 (6): 104528.
[134] TUOKUU F X D, IDEMUDIA U, GRUBER J S, et al. Linking stakeholder perspectives for environmental policy development and implementation in Ghana's gold mining sector: insights from a Q-methodology study [J]. Environmental Science & Policy, 2019, 97: 106-115.
[135] VAN DER KAMP D S. Blunt force regulation and bureaucratic control: understanding China's war on pollution [J]. Governance, 2021, 34 (1): 191-209.
[136] VANGEN S, HUXHAM C. The tangled web: unraveling the principle of common goals in collaborations [J]. Journal of Public Administration Research and Theory, 2012, 22 (4): 731-760.
[137] WARSEN R, KLIJN E H, KOPPENJAN J. Mix and match: how contractual and relational conditions are combined in successful public-private partnerships [J]. Journal of Public Administration Research and Theory, 2019, 29 (3): 375-393.

[138] WEGNER D, VERSCHOORE J. Network governance in action: functions and practices to foster collaborative environments [J]. Administration & Society, 2022, 54 (3): 479-499.

[139] YIN R K. Case study research: Design and methods [M]. Sage, 2009.

[140] ZHANG P. Target interactions and target aspiration level adaptation: how do government leaders tackle the "environment-economy" nexus ? [J]. Public Administration Review, 2021, 81 (2): 220-230.

[141] ZHOU L, DAI Y. Within the shadow of hierarchy: the role of hierarchical interventions in environmental collaborative governance [J]. Governance, 2023, 36 (1): 187-208.